告别精神内耗

谢 普◎编著

吉林出版集团股份有限公司

版权所有　侵权必究

图书在版编目（CIP）数据

告别精神内耗 / 谢普编著. -- 长春：吉林出版集团股份有限公司, 2024. 10. -- ISBN 978-7-5731-5968-7

Ⅰ. B842.6-49

中国国家版本馆 CIP 数据核字第 2024C2F390 号

GAOBIE JINGSHEN NEIHAO
告别精神内耗

编　　著：	谢　普
出版策划：	崔文辉
责任编辑：	杨　蕊
出　　版：	吉林出版集团股份有限公司
	（长春市福祉大路 5788 号，邮政编码：130118）
发　　行：	吉林出版集团译文图书经营有限公司
	（http://shop34896900.taobao.com）
电　　话：	总编办 0431-81629909　营销部 0431-81629880 / 81629900
印　　刷：	天津海德伟业印务有限公司
开　　本：	640mm×910mm　1/16
印　　张：	10
字　　数：	130 千字
版　　次：	2024 年 10 月第 1 版
印　　次：	2024 年 10 月第 1 次印刷
书　　号：	ISBN 978-7-5731-5968-7
定　　价：	59.00 元

印装错误请与承印厂联系　电话：022-29937888

前言

你有没有过这样的经历？每天感觉没做什么，可是每天早晨醒来，还是会感到疲惫，精神萎靡；现在特别害怕犯错误，对自己犯的每一个错误都感到无法容忍，认为自己是一个失败者，并因此变得畏首畏尾，止步不前；明明每天没什么大事发生，但总是会紧张焦虑，总在担心万一这样做会出什么错，昨天这件事不应该这样做等等，变得更容易把事情搞砸。这些事情的产生究其原因就是我们和自己的"内在冲突"，也就是现在网络上习惯讲的"精神内耗"。

在这个快节奏、高压力的社会中，我们或多或少都经历着精神内耗的困扰。它像是一个隐形的旋涡，悄无声息地吞噬着我们的精力、热情和幸福感。精神内耗，简而言之，就是内心的矛盾和挣扎。它源于我们对自我价值的质疑，对未来道路的迷茫，对人际关系的焦虑，或是对生活中无法掌控的事物的恐惧。这种内耗不仅让我们感到疲惫不堪，还可能导致我们做出错误的决策，甚至影响到我们的身心健康。

在个人层面，精神内耗让我们无法专注于当下，总是担忧未来或纠结过去。我们可能因为害怕失败而不敢尝试新事物，因为担心被拒绝而不敢与他人建立亲密关系。这种内心的束缚限制了我们的成长和发展，让我们错失了许多可能带来快乐和满足的机会。

在工作社交方面，精神内耗同样对我们产生了不容忽视的影响。一个内心充满矛盾和焦虑的人无法在工作中发挥出自己的最佳水平，这将成为我们在事业发展上的绊脚石。一个瞻前顾后，总是消极失落的人根本无法提升自己的事业，还会让事情的发展越来越糟糕。精神内耗也会令我们在人际交往中无法对他人展现出真诚和善意。因为一个连对自己都会质疑和感到困扰的人又如何会认同他人的想法和接纳他们的感情呢？

因此，告别精神内耗能加深我们对个人幸福的追求，能让我们在社会活动中表现得更加积极，让自己的身心更加积极、阳光、健康。在这本书中，我们将一起学习如何摆脱内心的束缚，找回生活的热情和动力。通过认识自我、接纳自我、发展自我，我们将逐步走向自由、充实和宁静的心灵境界。希望这本书能成为你心灵成长的伙伴，陪伴你走向更加美好的未来。

目录

第一章 欲望空耗精力，知足方能常乐

被虚名所累容易迷失自我 …………………………… 2
简单生活才能活出真正的自己 ……………………… 4
看透名利，做淡泊之人 ……………………………… 8
知足者才能常乐 ……………………………………… 11
远离欲望的黑洞 ……………………………………… 14

第二章 一切的改变都是从心态开始

心锁锁住的是你的人生 ……………………………… 18
让情绪帮助你而不是拖累你 ………………………… 20
执着和固执是两回事 ………………………………… 23
悲观是悲观者的墓志铭 ……………………………… 26
恐惧感和焦虑感从何而来 …………………………… 28
越浮躁，你就越难以成事 …………………………… 33
可以内疚，但不可沉迷其中 ………………………… 36

第三章　活在当下，享受每一个今天

享受当下，不为昨天流泪 ……………………… 42
过好今天，不要杞人忧天 ……………………… 46
别为自己的错误而苦恼 ………………………… 49
不要在意那些已成过去的牵绊 ………………… 52
笑对生活，不预支明天的烦恼 ………………… 54

第四章　轻装前行，做好人生的减法

负重而行永远无法乐天 ………………………… 60
舍弃那些多余的财富 …………………………… 63
可以把肩上的担子放一放 ……………………… 66
"面子"也可以减去几分 ………………………… 69
学会为自己的心灵"减肥" ……………………… 71
别怕失去，生活随时可以重来 ………………… 73

第五章　淡泊心性，拥抱生活

放慢脚步，看看身边的美景 …………………… 76
告别浮躁，平常即为不凡 ……………………… 78
脚踏实地，摆脱忧虑 …………………………… 80
返璞归真，保持童心 …………………………… 82
大道至简，丢弃生活的包袱 …………………… 84
学习庄子的生活哲学 …………………………… 87

第六章　懂得释然，人生难得糊涂

生活四大"糊涂"法则 …………………………… 90

水至清则无鱼，人至察则无友 ………………………… 92
处处精明不如难得糊涂 …………………………………… 94
健忘其实也是一种幸福 …………………………………… 96
容忍他人，富足自己 ……………………………………… 98
遗忘是最大的包容 ………………………………………… 100
顺其自然，才能拥有真正的成功 ………………………… 102

第七章　学会取舍，让人生更充实

豁达洒脱，人生是如此美好 ……………………………… 106
鱼和熊掌不可兼得 ………………………………………… 108
不要让犹豫带走你的机遇 ………………………………… 111
别让自己在痛苦的海洋里挣扎 …………………………… 113
学会放弃，享受人生 ……………………………………… 115

第八章　工作远没有你想象得那么复杂

工作的心情只与你有关 …………………………………… 118
慢一点又何妨 ……………………………………………… 121
累了，就停下来歇一下 …………………………………… 123
做时间的管理者 …………………………………………… 126
享受生活才能更好地工作 ………………………………… 129
如果可以，找一份让自己感兴趣的工作 ………………… 132

第九章　放缓节奏，享受人生

保持从容和自然的姿态 …………………………………… 136
学会欣赏沿途的风景 ……………………………………… 139

不妨让生活的节奏慢下来 ………………………… 142
抽一点时间慢慢欣赏 ……………………………… 145
快慢结合，精彩无限 ……………………………… 148
有计划地去生活 …………………………………… 150

第一章

欲望空耗精力,知足方能常乐

> 欲望就像是一条锁链,会不断牵扯出很多东西。每个人都有欲望,但欲望太多,烦恼必然就多,人就会变得疲惫不堪,更无法静下心来去做真正想做的事。知足才能常乐,才能专心做好要做的事。

被虚名所累容易迷失自我

生活中，有人贪财，有人贪色，有人贪图虚名。当然，从一定程度上来说，人贪图名声并没有什么大错。但人对名声的追求，如果超出了限度，超出了理智时，常常会迷失自我，并被名利所摆布，到时就不再是你想干什么就可以干什么，而是名声要你干什么你就得干什么。

20世纪初，法国巴黎举办过一场十分有趣的小提琴演奏会，这个滑稽可笑的演奏会，是对追求名声的人的莫大讽刺。

巴黎有一个水平不高的小提琴演奏家准备开独奏音乐会，为了出名，他想了一个主意——请乔治·艾涅斯库为他伴奏。

乔治·艾涅斯库是罗马尼亚著名作曲家、小提琴家、指挥家和钢琴家，被人们誉为"音乐大师"。大师禁不住这个小提琴演奏家的哀求，终于答应了他的要求，并且还请了一位著名钢琴家临时帮忙在台上翻谱。小提琴演奏会如期在音乐厅举行了。

可是，第二天巴黎有家报纸用了地道的法兰西式的俏皮口气写道："昨天晚上进行了一场十分有趣的音乐会，那个应该拉小提琴的人不知道为什么在弹钢琴；那个应该弹钢琴的人却在翻谱子；那个顶多只能翻谱子的人，却在拉小提琴！"

这个真实的故事告诉世人，一味追求名声的人，不脚踏实地地提升自己，只会更容易暴露出自己的短处。

德国生命哲学的先驱者叔本华说："凡是为野心所驱使，不顾自身的兴趣与快乐而拼命苦干的人，多半不会留下不朽的遗作。反而是那些追求真理与美善，避开邪念，公然向恶势力挑战并且蔑视它的错误之人，往往得以千古留名。"

1903年，美国的莱特兄弟发明了飞机，并在首次飞行试验成功后，名扬全球。一次，有一位记者好不容易找到兄弟两人，要给他们拍照，弟弟奥维尔·莱特谢绝了记者的请求，他说："为什么要让那么多的人知道我俩的相貌呢？"

当记者要求哥哥威尔伯·莱特发表讲话时，他回答道："先生，你可知道？鹦鹉叫得呱呱响，但是它却不能翱翔于蓝天。"就这样，兄弟俩从不写自传宣传自己，也从不接待新闻记者，更不喜欢抛头露面显示自己。

有一次，奥维尔从口袋里取手帕时，带出来一条红丝带，姐姐见了便问他是什么东西，他毫不在意地说："哦，我忘记告诉你了，这是法国政府今天下午发给我的荣誉奖章。"

谚语云："名声躲避追求的人，却去追求躲避它的人。"这是为什么？著名哲学家叔本华回答得很好，"这只因前者过分顺应世俗，而后者能够大胆反抗的缘故。"

名声是一个人追求理想、完善自我的努力过程，但不应该将其视作人生的目标。一个人如果把追求名声作为自己要追求的人生目标，处处卖弄自己，显示自己，就会超出限度和理智，并无形中降低自己的人格。

当我们学会舍得与放弃，才往往能从失去中获得更多。得其精髓者，人生则少有挫折，多有收获。人也会从幼稚走向成熟，从贪婪走向博大。

第一章
欲望空耗精力，知足方能常乐

简单生活才能活出真正的自己

人们经常会被生活中各种繁杂的事务所侵扰，并因此陷在各种各样的纠缠中，生活在一种复杂的状态里。匆忙的脚步，疲惫的心灵，偶然抬头的时候才发现，生活已不再是我们汲取快乐的源泉，而是使我们沮丧悲观的重担。这一切的一切，皆因我们日渐复杂的心灵和无休无止的欲望。

老子云："大道至简。"最深奥的道理是简明的，生活亦如此。著名作家刘心武曾说过："在五光十色的现代世界中，应该记住这样古老的真理：活得简单才能活得自由。"简单是一种美，是一种朴实且散发着香味的美。简单不是粗陋，不是做作，而是一种真正的大彻大悟之后的升华。

人的生活越简单就会越快乐。虽然，古人没有今人那么多的物质，没有今人那么多的精神享受，但是他们的快乐十分容易得到，比如，一壶酒、一杯茶、一首小曲，都可以让他们快乐许久。当今社会，有了歌剧院、影院，有了汽车、飞机，人们反而变得更加焦虑，快乐逐渐减少，最快乐的时光似乎只有在童年才能找到，甚至现在有许多孩子都找不到童年的快乐，他们的童年在一个个课后班里度过，他们所承担的繁重压力挤走了所剩的那么一点点快乐。现在的人追逐物质上的享受，认为自己拥有得越多就越快乐，可是他们却没有发现，当他们拥有得越来越多的时候，快乐并没有增加，反而在减少。所以，想要自己过得快乐，让自己的生活简单一些是最好的方法。

简单是一种智慧。生活永远不会平静，也不会简单。但需要我们从中寻求平静，寻求简单。化繁为"简"，是需要一种心智的。

"简单生活"并不是要你放弃追求，放弃劳作，而是说要抓住生活、工作中的本质及重心，以四两拨千斤的方式，去掉世俗浮华的琐事。卡尔逊说："简单生活不是自甘贫贱。你可以开一辆昂贵的车子，但仍然可以使生活简化。一个基本的概念在于你想要改进你的生活品质，诚实地面对自己，想想生命中对自己真正重要的是什么。"

一天早上，一家公司的老板来到一个煎饼摊排队买煎饼吃。其实他很少自己出来买早餐，今天来这里，一是因为自己今天闲暇无事；二是这几天他路过这里的时候总发现排着不少人，想来味道一定还不错。终于排到自己，他要了一个加火腿的煎饼，尝了一下，味道非常好。

下午三点多的时候，他又来到煎饼摊，此时煎饼摊没有顾客，那个摊煎饼的中年男子正优哉游哉地躺在藤椅上听着相声。老板走到中年男子的面前，问道："你每天可以卖多少煎饼？"中年男子回答说："我早上六点开始出摊，一般卖到上午十点就关门了，4个小时差不多能卖100个煎饼。"老板拿出计算器算了一下，一个煎饼最便宜的5元，成本1.5元左右，1个煎饼可以赚3.5元，100个就是350元，除了每天100元的房租，差不多可以赚250元。但是老板觉得这个钱并不多，如果中年男子再努力一点，卖8个小时的煎饼，就可以赚500元，他实在不明白这个中年男子为什么把大把的时间浪费在听相声上。

于是，那个老板又问："那你剩余的时间都在干什么？"中年男子回答："我每天上午六点开始卖煎饼，十点收摊，之后躺在藤椅上休息一会儿，然后去接儿子回家吃饭，和家人聊聊天，再一起享受午餐。下午两点送儿子上学后，继续躺在藤椅上听自己喜欢的相声，到五点钟再去接儿子放学。晚上回家和老婆一起做晚餐，之后全家人享受晚餐，吃过饭后一起到公园散步,回来之后洗漱、睡觉,美好的一天就过去了。周末的时候全家人还会一起去旅游,但都会安排在十点以后。我的日子过得可是快乐又忙碌呢!"

老板以自己的心思帮他出主意说:"我觉得你应该每天多花一些时间做煎饼,到时候你就有钱去租一个大的早餐店。等有了大的门店之后,你自然就可以雇人和你一起摊煎饼,同时做一些其他小吃、午餐,赚更多的钱,再之后你就可以开分店了。到时候你就不用再亲自动手摊煎饼,只需要管理好店里的店长们就可以了。等你的分店开遍全国各地之后,你就可以带着全家人搬到大城市去住了。"中年男子问:"这要花多长时间呢?"老板回答:"15年到20年。"

"然后呢?"

那个老板得意地说:"然后你就可以在家快活啦!等你的早餐店品牌打响,时机一到,你就可以宣布股票上市,把你公司的股份卖给投资大众。到时候你就有数不完的钱!"

"然后呢?"

老板说:"到那个时候你就可以享受生活啦!你不用再忙碌生意,可以在家陪老婆孩子享受温馨的生活,没事散散步、做做菜、听听相声,还可以出去旅游!"

中年男子疑惑地问:"那与我现在有什么两样吗?"既然中年男子已经在快乐地享受人生了,他还需要追求什么样的人生呢?人生在于这种享受的心情,享受着简单的快乐。

"只有简单着,才能快乐着。"不奢求华屋美厦,不垂涎山珍海味,不追名逐利,过一种简朴素净的生活,才能感受生活的快乐,外在的财富也许不如人,但内心充实富有才是真正的生活。有劳有逸,有工作的乐趣,也有与家人共享天伦的温馨,自由活动的闲暇,这才是自然的生活,还用去忙里偷闲吗?

西方哲学家梭罗说:"大多数所谓豪华和舒适的生活不仅不是必不可少的,反而是人类进步的障碍,对此,我们必须认清哪些是我们必须拥有的;哪些是可有可无的;哪些必须丢弃。"生活中,一个人为维持生存和健康所需要的物品并不多,超于此的物品便可以说是奢侈品,人们对奢侈品的追求可以说是无尽头的。如果一个人太看重物质享受,就必须要付出精神上的代价。其实,能够约束自己无尽的欲望,满足于过简单生活,算不得是什么损失,反而让我们受益无穷。我们会因此获得好心情和好光阴,可以把那时间奉献给自己真正喜欢的人,真正感兴趣的事,说到底其实就是奉献给自己的生命,因为你的生命领域将更加宽阔。

丽莎·茵·普兰特说过:"简单不一定最美,但最美的一定简单。"由此可见,最美的生活也应当是简单的生活。简单主义正在成为一种新兴的生活主张。因为大多数的生活,以及许多所谓的舒适生活,不仅不是必不可少的,甚至还是人类进步的障碍和历史的悲哀。在这种情况下,人们更愿意选择另一种生活方式,过简单而且真实的生活。简单使生活回归自然,使浮华回归淳朴,使嘈杂回归宁静,使身体清爽和健康。简单状态下,欲望易于满足,易于得到自由,所以说简单是快乐的源泉。曾经复杂过的人最能体会回归简单而得来的快乐,这样的快乐更长久,有着丰富深长的内涵。

简单生活,是一种丰富、健康、和谐、悠闲的生活;简单生活,是经过深思熟虑之后,表现真实自我生活目标、意义明确的生活;简单生活,才能活出真正的自己。

看透名利，做淡泊之人

现代人生活在节奏越来越快的年代，有着太多的压力，太多的诱惑，太多的欲望，也有太多的痛苦和焦虑。一个人要以清醒的心智和从容的步履走过岁月，他的精神中就不能缺少淡泊。

人贵有淡泊之心。有了淡泊之心，我们才能在成功面前不骄傲自满，在失败面前不灰心丧气，始终保持一种平和稳定、乐观豁达的人生态度；有了淡泊之心，我们才能用一种超然的心态，对待眼前的一切，不做世间功利的奴隶，也不为凡尘中各种牵累所左右，使自己的人生不断升华；有了淡泊之心，我们才能在当今社会愈演愈烈的物欲和令人眼花缭乱的世相百态面前神凝气静，坚守自己的精神家园，执着追求自己的人生目标。

熟悉美国历史的人对乔治·华盛顿这个名字不会感到陌生。他是一个被无数人景仰，并赫然载入史册的伟人。华盛顿在孩提时就以其正直诚实、办事极为公道等特点而有别于其他孩子。这在很大程度上是受其修养极好的父亲影响。他渴望着自己有朝一日能成为威风凛凛、驰骋疆场的勇敢军人以报效国家和人民。

在数年的战争中，华盛顿因其忍耐力、有魄力、处世谨慎，又富有进取精神，为他赢得了身边人的崇拜和信任。

美国独立战争胜利后，社会急需一位能够支撑大局的人物来主持政府工作。在众人眼中，华盛顿就是当仁不让的最佳人选。当时甚至有军官上书要求他做领袖。华盛顿自身并不对名利动心，他追求的是得到广大人民的尊敬，他从不将自己视为一个荣誉重于生命的人。因此，在大陆会议索要独立自主的权力时，华盛顿多次重申，战争结束他就化剑为犁、解甲归田。

1783年，和平如期而至，英美签署和平条约。历时8年的北美独立战争宣告结束。当时51岁的华盛顿辞去军职，告别部队。当然，在面对昔日出生入死的战友时，他难免热泪盈眶、激动不已，整个送别会上，他一句话也没有说，只是潸然泪下地离去。在费城，华盛顿与财政部的审计人员一起核查他在战争中的开支情况——他的账目清楚而准确，还有部分支出是来自于自己的补贴，毫无私自挪用之嫌。

辞职后的华盛顿回到了自己的农场，在自己的家中，过上了平静的生活。

"非淡泊无以明志，非宁静无以致远。"这句话虽寥寥数字，却道出人生的许多真谛。真正淡泊之人，心胸大度，心态平和，视名利如粪土，堂堂正正做人，踏踏实实做事。的确，名利不过是人生的一种常态，我们应该调整自己的心态，以平常心对待，淡泊名利。

淡泊是一种处世的态度，是一种人生的情怀，是一种生命的境界。懂得淡泊，并能做到淡泊的人是快乐幸福的。淡泊，并非是不思进取地颓丧，也不是漫无目标地茫然，更不是造作虚伪、貌似平静地脆弱，它代表着一种深厚博大，一种高贵理智。放下了对名利的追逐，也就放下了心上的负累，轻身走下去，再窄的路都会好走。

名利的诱惑不是一般人所能抵挡的，世人常常被心中的欲望所驱使，为了获得、占有，尔虞我诈，甚至不惜以身试法，而真正能做到清心寡欲，面对名利的诱惑而处之泰然的人却少之又少。

可以说，名和利是两张无形的大网，人们一旦陷进去，就会越陷越深，生命也会被这两张网勒得喘不过气来，更何谈从容潇洒地活着呢？

所以，智者选择放下名利，追求恬淡悠然的生活。

　　淡泊名利是人生所为的一种态度，是人生的一种哲学。如果我们能以一颗淡泊平静的心去看世上的一切，得失不计，荣辱不惊，我们就会发现，在这个世间，水流是多么的清澈，阳光是多么的和煦，风景又是多么的迷人，而我们的生命，又是多么的轻松与快乐。拥有着淡泊名利的心境，去细细地品味人生，生活会变得更加阳光灿烂。

知足者才能常乐

纵观当下，人们的生活水平已经提高不少。现今的人缺的不是物质，而是心灵的富足。人的欲望是无止境的，不懂得知足便永远无法满足内心需要。

小时候家里很穷，那时候如果有一辆好看的自行车，在小伙伴的眼中就是"耀眼"的人了。那时候就很希望家里能为自己买一辆自行车，但是当买完自行车的时候，发现伙伴们都拥有自行车了。

等到中学时代，如果骑一辆摩托车在校园门口，是一件很拉风的事情。那时候就希望家里能够有一辆摩托车，可以让我开去学校门口威风威风。等到自己开摩托车上街的时候，发现摩托车已经非常普遍了。

再后来出了社会，骑摩托车已经是再正常不过的事了。这时候就羡慕路上开着小汽车的人，希望有朝一日攒够钱，买一辆小汽车拉上全家人去兜风。后来终于按揭买了小汽车，那时候开心了好久，睡觉都恨不得睡在车上。可是没过几年，路上的豪华车渐渐多了起来，再看看自己的小汽车，根本追不上别人的更新速度。

我们好像永远跟不上时代的变化发展，总觉得自己和别人比，永远缺少点什么。心灵仿佛像个无底洞，永远也填不满。虽然永不满足的起点是好的，但是过多的抱怨却只会让我们停滞不前。

人们常说知足者常乐，可老是有人爱抱怨人生，患得患失，两者的区别显而易见，一个是开心，一个是不开心。有首很火的闽南歌曲《欢喜就好》，歌词里讲了生活里的柴米油盐让人多烦恼，要想让自己开心，只有欢喜就好。的确是这样，可能年轻的时候不会这么想，多了些经历，多了些磨难，才会懂得幸福来之不易。

从前，有个渔夫钓到一条比目鱼，谁知那比目鱼是一位中了魔法的王子，可以帮渔夫实现他的任何愿望。渔夫没有提任何要求，就放了这条比目鱼。

他的妻子得知后便不依不饶，希望比目鱼可以给他们一栋别墅，不用再居住在这间肮脏的破房子里了。得到别墅没过多久，他的妻子便觉得别墅也太小了，就希望自己可以住在大宫殿里，比目鱼满足了他妻子的愿望，便给了他们一座大宫殿。

可是得到宫殿的第二天，他的妻子就开始抱怨了，嚷嚷着要当国王，就又让渔夫去找比目鱼，比目鱼依旧实现了妻子的愿望，让她顺利当上了国王。渔夫问："这下你该知足了吧？"

妻子回答："我现在当上了国王，但是我还想当教皇。快去找比目鱼告诉它。"

渔夫胆战心惊地去找比目鱼，说出了妻子的愿望。比目鱼让他放心，说他的妻子已经是教皇了。

回到家中，渔夫发现一座大教堂矗立在那里，周围是几座宫殿。天下所有的皇帝和国王都跪在她面前，争先恐后地吻她的鞋子。

但是他的妻子依旧得不到满足，野心在不断膨胀，依旧在抱怨生活不够完美，她忽然产生了一个念头：她要控制太阳和月亮，要它们升就升，让它们落就落。

渔夫拗不过妻子，就又跑去海边求比目鱼。

结果他和妻子又重新住回了那间老旧的破渔屋。

童话中的渔夫和他的妻子的故事证明欲望是无止境的，只要仍存抱怨的心，生活就永远得不到满足。贪婪的最终结果，只会让你被打回原形，所以要珍惜现在，珍惜眼前人，珍惜来之不易的幸福。

我们的一辈子都在烦恼人生缺少的是什么，如果换一种方式想，去想我拥有了些什么，你也许就不会抱怨了。你会发现你拥有健康的身体，拥有美满的家庭，拥有可以陪你哭、陪你笑的朋友……

难道生活对你还不够好吗？别把抱怨放在心上，多点感恩，多点知足，你会发现自己所过的每一天都是崭新的，每一天都是充满着希望的。

远离欲望的黑洞

奥古斯丁说：人心中有个黑洞，只有爱能填满。这个说法很形象，也很哲学。如果我们扪心自问，或者打量一下这个世界上的人和事，便会得出这样一个既简单又很不简单的结论：人一生无非想总是幸运，生活幸运，工作幸运，爱情也幸运。只有幸运的人才容易快乐和幸福，才更容易走向成功。

然而，幸运并不是说有就有的，在人的一生中，有不少人心中的"黑洞"会随时阻碍幸运的光临，比如人的自私、自卑、贪婪等。

再比如虚荣心，也是人心中的一个黑洞，凡是想追求人生幸福获得幸运的人，都要远离这个黑洞。心理学认为，虚荣心是一种扭曲了的自尊心，是自尊心的过分表现，是一种追求虚表的性格缺陷，是人们为了取得荣誉和引起普遍的注意而表现出来的一种不正常的社会情感。在日常生活中，人人都有自尊心，人们都希望得到社会的认可，自尊心强的人，对自己的声誉、威望等比较关心，而虚荣心强的人一般自尊心也很强。

一本杂志上曾刊登过一篇文章：一个小青年的父亲是个搓澡工。小青年长大后，也没有人喊他的大名，只是说"这是搓澡工家的小子，学习不赖"。即便是在夸他，他也会远远地走开。因为，他为有这样一个父亲而感到丢脸。

上初中的时候，语文老师出了一个《我的父亲》的作文题目，同学们都写了很多，整整一节课，他却只写了几行字，他不知道怎么去写这个每星期都到城里为人家搓澡的父亲。语文老师问他的作文为什么仅仅写了那么几行字？他始终沉默着，一句话也不说——他认为，这样的父亲，没什么可写的。

然而，没有料到的是，他快上高中的时候，他父亲便不再去城里了，好像要和别人一块儿去做买卖。他当时说不出是高兴，还是解脱，总之似乎一下子轻松了许多。

上高三的那年冬季，一天，他回到家已经很晚了，只有母亲一个人在家。他问："父亲呢？"母亲说："出去好几天了，还没有回来。"他便有些怅然。睡到后半夜的时候，听到院里传来沉闷的咳嗽声——父亲回来了。父亲的棉帽子上挂着白白的霜，推门进来，他便笑眯眯地冲着儿子说："小子，看，给你买了啥。"说完后，父亲便从挎包里倒出几本书来，他一看，竟然是一整套的《高中复习综合训练》。他翻着崭新的书，心里有说不出的高兴。

高中毕业后，他考上了大学。然后，又分配到另一座城市。一次，他见到了读初中时的语文老师。老师说："你还不知道吧，你父亲为你付出了多少！"见他愣在那里，老师接着说，"那年，我把你那次作文课的情况告诉你父亲后，他便以做买卖为名，偷偷地躲着你和别人，到邻县的澡堂里搓澡去了。为了不让你知道，估算你什么时候回家，他就什么时候提前等在家里，就连你们村里的人，也不知道你父亲那几年到底在忙什么……"

他一瞬间理解了父亲，他也知道了一个孩子的虚荣给父亲带来了什么。是的，父亲没有别的手艺，为了养家糊口，他有的只是劳作和承担。可自己为什么那么虚荣呢？

这个青年心中的"黑洞"总算被他自己填满了，这是值得庆幸的。但在历史上，有许多人由于没有填满自己人格上的黑洞，而被世人唾弃,留下的是千古骂名。

比如南宋时期的秦桧,他其实在文学上也有所成就,可世人却从不愿去探讨,其原因就是他被欲望的黑洞所左右。秦桧早年为官名声尚好,曾两次被封为宰相,但最终却在人格上出现了黑洞,而让后人只记得他陷害英雄岳飞父子的罪恶行为,其他的锦绣文章只有零星残破的故纸记得。因为惹得天怒人怨,"卖国贼"的千古骂名即便在他死后也要背。秦桧的人格黑洞让其必须担负千古骂名,可谓前无古人后无来者,也由此可见世间对人格的看重和尊崇。

远离欲望的黑洞非常必要,这是关系到一个人能否幸运的前提。不要为欲望所累,一切的虚荣都不会带给你幸福,只会让你在欲望的黑洞中越陷越深,直至吞没自身。放下无用的各种欲望吧,让自己轻装上阵,远离欲望黑洞的吸引,让自己精神富足地快乐生活。

02

第二章

一切的改变都是从心态开始

心态是一切问题的根源，如果你没有良好的心态，那么你也就没有把自己变好的原始动力。现实生活中，许多能力出众的人都是被心态拖累，最后一事无成。所以，当你还没有变成自己想成为的那个人的时候，不妨改变一下自己的心态。在这之前，你必须反躬自问，看看自己的心态上到底存在哪些问题。

心锁锁住的是你的人生

人从来没有停止过对自我的追寻。正因为如此，人常常迷失在自我当中，很容易受到周围信息的暗示，并把他人的言行作为自己行动的参照，从众心理便是典型的证明。其实，人在生活中无时无刻不受到他人的影响和暗示。比如，在公共汽车上，你会发现这样一种现象：一个人张大嘴打了个哈欠，他周围便会有几个人也忍不住打起哈欠。这个行为便与受暗示性有关。

哪些人受暗示性强呢？可以通过一个简单的测试测验出来。

让一个人水平伸出双手，掌心朝上，闭上双眼。告诉他现在他的左手上系了一个氢气球，并且不断向上飘；他的右手上绑了一块大石头，正向下坠。三分钟以后，看他双手之间的差距，距离越大，则受暗示性越强。

认识自己，在心理学上叫自我知觉，是个人了解自己的过程。在这个过程中，人更容易受到来自外界信息的暗示，从而出现自我知觉的偏差。

在日常生活中，人既不可能每时每刻去反省自己，也不可能总把自己放在局外人的位置来观察自己。正因为如此，个人便借助外界信息来认识自己。个人在认识自我时很容易受外界信息的暗示，从而常常不能正确地认知自己。

曾经有心理学家用一段笼统的、几乎适用于任何人的话让大学生判断是否适合自己，结果，绝大多数大学生认为这段话将自己刻画得细致入微、准确至极。下面一段话是心理学家使用的材料,你觉得是否也适合你呢?

你很需要别人喜欢并尊重你。你有自我批判的倾向。你有许多可以成为你优势的能力没有发挥出来,同时你也有一些缺点,不过你一般可以克服它们。你与异性交往有些困难,尽管外表上显得很从容,其实你内心焦急不安。你有时怀疑自己所做的决定或所做的事是否正确。你喜欢生活有些变化,厌恶被人限制。你以自己能独立思考而自豪,别人的建议如果没有充分的证据你不会接受。你认为在别人面前过于坦率地表露自己是不明智的。你有时外向、亲切、好交际,而有时则内向、谨慎、沉默。你的有些抱负往往很不现实。

这段看似很有道理的话语,其实是一顶套在谁头上都合适的"帽子"。

一位名叫肖曼·巴纳姆的著名杂技师在评价自己的表演时说,他之所以很受欢迎,是因为节目中包含了每个人都喜欢的成分,所以他使得"每一分钟都有人上当受骗"。人们常常认为一种笼统的、一般性的人格描述十分准确地揭示了自己的特点,心理学上将这种倾向称为"巴纳姆效应"。

你也有从众心理吗?你是否也在巴纳姆效应中迷失自己?其实不必惧怕,所有的一切都来源于你对自己的不信任。坚信自己,不要总是质疑自我、空耗精力,每天在镜子前对自己说一句:我是独一无二的,我是最棒的。找寻到真实的自我,你就能打开心锁,获得自己独有的幸福人生。

让情绪帮助你而不是拖累你

随着现代竞争的加剧，上班族的工作、生活压力大，有人遇到不痛快的事不善于及时排解，时间一长，难免会造成心理障碍。而善于给情绪装个"安全阀"，及时"减压"，就会减少心理疾病的患发。下面就是几个上班族调节情绪的例子，也许会给你不少启发。

周小美是一家高科技企业的职员，工作性质决定了她要经常出差。别人出差总有闲暇时间去周围名胜古迹观光浏览散散心，周小美却是晚上在武汉的工作刚忙完，第二天早晨就飞赴广州，接着工作。常常一个月中有一半时间在外地。时间一长，她经常感到烦躁。但回家后，生活节奏一慢，又觉得挺失落，于是想借运动宣泄一下。

周小美喜欢打保龄球，每当她觉得自己又开始烦躁时，就会邀上两三个同伴去打保龄球。她说："打保龄球是让人心情愉快的运动，每当我屏住气，集中精力打出一个球，当得到满分，球友纷纷为我鼓掌时，我会觉得愉快多了。"原本周小美打球不为高分，只为排遣心中的烦恼，但无心插柳，现在每局都能打出不错的成绩，成了单位里的保龄球高手。周小美通过自己喜爱的运动来排解内心的烦躁，既及时调节了自己的情绪，又获得了生活的乐趣，岂非一举两得？

阿涛是一位事业有成的中年人。他说："人都有情绪低落的时候，关键是要善于排解，别在心理上留下阴影。"他的排解方式是到酒吧坐坐，小饮几杯。

他曾碰到一件倒霉事：他的工厂为外商做的衬衣因为做工问题80%

要返工,而发货期迫在眉睫。"我干了这么多年加工,从未出现过这么大的纰漏。为了赶合同期,大家只得昼夜不停地工作,一连三天,终于返工赶完了。"工作暂时没那么忙了,阿涛这心可一时还放松不了,于是,下班后他把车停在单位,打车去了一家熟悉的酒吧。"年轻人都爱去有乐队演奏的酒吧,图的是热闹。我是为了放松一下神经,专找安静的所在。"每次去酒吧,颇有酒量的阿涛会要上一瓶红酒加冰块,"别的酒喝上几杯会躁,红酒的感觉是不温不火。"红酒加冰块,一杯杯细品,耳边是萨克斯演奏的音乐,轻柔、舒缓,带着点忧伤。一瓶红酒喝完,时间已过半夜,带着点微醉的感觉,打车回家,此时他的心情很平静。看来,小饮有时也能排忧,只要能恰当排解内心的郁闷,也是一种调节情绪的良好方式。

张丽,用她自己的话说,情绪易"大起大落,早晨还高兴着,到了晚上,稍有不如意就会很沮丧。"为了应付经常不期而至的坏心情,张丽给自己开的"药方"是购物。

月收入不算高的她,平时很少购物,她常把想买的东西都列在单子上,大到衣物,小到面巾纸。几经考虑后,一个月也总有十几样日常用品要买。她把买这些物品的最佳时间和地点附在其后,以保证自己得到最多实惠。这张单子她随身携带,一旦情绪低沉,她就直奔商店或超市,将要买的东西大包小包地买回家。"大多数女人排解烦恼的首选方式都是购物,购物能让我有种满足感,在购物过程中,烦恼也不知不觉地没有了。"

据张丽自己说,以前她情绪不好时会不顾一切地冲进商店,有用、没用的东西买一大堆,回家就后悔——那么多"鸡肋",该如何处理?现在她自己做的购物单帮她把"疯狂"购物转为"半疯狂"购物,既满足了自己的情绪需要,又不至于太浪费钱。对于年轻女性来说,购物的确会令她们忘却烦恼，获得快乐，不良情绪由此装上"安全阀"，这也是一种好的调节方法。

阅读世界著名小说《飘》时，我们常常会看到斯嘉丽的一个典型习惯，每当她遇到什么烦恼或者无法解决的问题时，她就对自己说："我现在不要想它，明天再想好了，明天就是另外一天了。"实际上，这种明天再想，就是一种给心灵"松绑"的方法。如果你对一个问题挣扎了一整天，仍然没有显著的进展，最好暂时不要去想它，也不做任何决定，让这问题在睡眠后自然地解决。因为睡眠中没有太多意识的干扰，睡醒后也许就是最佳的工作时机。可见，遇事难以排解时，不妨蒙头大睡，一觉醒来，心情愉快，一切就迎刃而解了。

总而言之，情绪低落时，心情郁闷时，内心压力大时，找一种适合自己的调节方法，如访友、旅游、跳舞、就餐、运动等，及时调整自己的心态，使自己的情绪始终处于稳定之中，使自己的心境始终处于快乐之中。

执着和固执是两回事

我们对自己的目标要坚持不懈，这是毋庸置疑的。但是这种坚持，千万别成了固执。也就是说，一旦当你发现自己的选择有偏差时，就要合理地调整目标，放弃无谓的固执，轻松走向有希望的道路。

两个贫苦的樵夫靠着上山捡柴糊口。有一天，他们在山里发现两大包棉花，二人喜出望外，棉花的价格高过木柴数倍，将这两包棉花卖掉，足可供家人一个月衣食无虑。当下两人各自背了一包棉花，急欲赶路回家。

走着走着，其中一名樵夫眼尖，看到山路上扔着一大捆布，走近细看，竟是上等的细麻布，足足有十多匹之多。他欣喜之余，和同伴商量，要一同放下肩负的棉花，改背麻布回家。

他的同伴却有不同的想法，认为自己背着棉花已走了一大段路，到了这里丢下棉花，岂不枉费自己先前的辛苦，坚持不愿换成麻布。先前发现麻布的樵夫屡劝同伴不听，只得自己竭尽所能地背起麻布，继续前行。

又走了一段路后，背麻布的樵夫望见林中闪闪发光，待走近一看，地上竟然散落着许多黄金，他心想这下真的发财了，赶忙邀同伴放下肩头的棉花，改用挑柴的扁担挑黄金。

他的同伴仍是不愿丢下棉花，以免枉费辛苦，并且怀疑那些黄金不是真的，还劝他不要白费力气，免得到头来一场空欢喜。

发现黄金的樵夫只好自己挑了两担黄金，和背棉花的同伴赶路回家。走到山下时,来了一场大雨,二人在空旷处被淋了个透。更不幸的是,背棉花的樵夫肩上的大包棉花,吸饱了雨水,重得完全无法再背得动。那樵夫不得已,只能丢下一路辛苦舍不得放弃的棉花,空着手和挑黄金的同伴回家了。

这虽然是个寓言,但却给了我们很有益的启示:在有些事上,过度的坚持,会导致更大的浪费,你必须随时启动自己的常识智慧,做出最合理的判断,适时调整前进的方向。在没有希望的路上固执,只能成为一个愚钝的人。

俗话说得好:"才华虽然可以冲锋陷阵,但总不及机智能够统领三军。"才华是一种能力,但如果没有机智和常识的引领,就找不到才华发挥的舞台。才华引错了方向,努力就只能付诸东流。

牛顿早年是永动机的追随者。在进行了大量的实验之后,他很明智地退出了对永动机的研究,转为在力学中投入更大的精力。最终,许多永动机的研究者默默而终,而牛顿却因摆脱了无谓的研究,将才华发挥到极致,取得了巨大的成就。

另外,还想对青年朋友强调一点,要处理好书本知识与常识的关系,不要重理论而轻实践。很多人因为缺乏机智与常识,竟然连在社会上立足谋生都比较困难。

不久前,在澳大利亚的一个牧场中,人们看到有三个大学生在那里打工。这三个人中,一个来自剑桥,一个来自牛津,还有一个是德国某名牌大学的毕业生。人们都非常惊异:居然让大学生来看管牧场,他们在学校接受的教育是要做领导众人的领袖,而现在却在这里"领导"羊群。牧场主人没有知识,对什么书本、理论一窍不通,却知道怎么饲养牛羊,知道怎么利用牧场转换为利益。他雇佣的这些学生,虽然满腹经纶,能说好几门外语,可以讨论深奥的政治经济学和哲学理论,可是要说挣钱，刚毕业的他们却不能和这样一个人相比。他整天谈论的只是他的牛羊、他的牧场，眼界十分狭隘，但他却能够赚钱养活一家人，而那些刚毕业的大学生很可能连谋生都很困难。

培根曾经说："读书的目的不在于它本身，而在于一种超乎书本之外的、只有通过细心观察才能够获得的处世智慧。"所谓"纸上得来终觉浅"，就是这个道理。曾经有一个法国学者，人们对他的评价是"他被自己的才华淹没了"。接受的教育太多，对实践经验一无所知，实际是降低了一个人适应现实生活的能力，让他变得弱不禁风。过于死板地接受书本教育，会使一个人发展出过分的批判能力和自我意识，甚至使他变得过于谨慎和缺乏自信，而这对于实际生活中的种种艰苦劳作来说，就显得态度太文雅、外表太奢华、教育太精致了，不能用在日常的生活方面。

书本知识当然可以让人进步，但是那些只知道埋头在书堆里，缺乏对生活的理解的人，在一个残酷竞争的社会里，往往要吃败仗。时代的弄潮儿并不是那些满腹经纶却不通世故的人，而是那些能适应现实、做出合理判断的人。因此，人要懂得时刻进步，将自己所获得的知识转换为行动，再从行动中获得更加精练有效的知识，不要总是抱残守缺，墨守成规，这样的固执只会伤害你，让你唉声叹气，止步不前。

悲观是悲观者的墓志铭

如果碰到不顺利的事情，我们处于无可改变的不如意境遇的时候，这时，不能退缩，而应勇敢面对，这样才能解脱出来，获得新生。

表面的快乐有时看起来言不由衷，快乐来源于内心。真正的快乐就是知足，发自内心的喜悦。人生的一个目标就是要快乐，就像我们小时候读到的童话故事中的人物一样，大部分的人都希望从此以后过着幸福快乐的日子，他们不要别的，只要享受快乐。

格林夫妇带着两个儿子在意大利旅游，不幸遭劫匪袭击。如一场无法醒过来的噩梦，7岁的长子尼古拉死于劫匪的枪下，就在医生证实尼古拉的大脑确实已经死亡的10个小时内，孩子的父亲格林立即做出了决定，同意将儿子的器官捐出。4小时后，尼古拉的心脏移植给了一个患先天性心脏畸形的14岁孩子；一对肾分别使两个患先天性肾功能不全的孩子有了活下去的希望；一个19岁的濒危少女，获得了尼古拉的肝；尼古拉的眼角膜使两个意大利人重见光明。就连尼古拉的胰腺，也被提取出来，用于治疗糖尿病……尼古拉的脏器分别移植给了急需救治的6个人。

"我不恨任何人。我只是希望凶手知道他们做了些什么。"格林，这位来自美洲大陆的旅游者说，嘴角的一丝微笑也掩不住内心的悲痛。而他的妻子玛格丽特庄重、坚定、安详的面容，和他们4岁幼子脸上小大人儿般的表情，尤令意大利人灵魂震撼——他们失去了自己的亲人，但事件发生后他们所表现出来的态度，令人们深感敬佩。

面对以前痛苦的遭遇，若能以宽容之心去看待，不幸便将会远离我。俗话说："不如意之事十有八九。"我们一生中不可能永远都是风平浪静，人生遭遇不是个人力量所能左右，而在多变的环境中，唯一能使我们不觉其拂过的办法，就是使自己"随遇而安"。

"悲观的人即使在晴天，也如同生活在阴天里。这是因为心理和性格上都烙上了'想'字。"这是哲人常说的一句名言。换个角度看，乐观是一个人获得美好生活的源泉。在这个世界上，有一种心情能让我们感觉到一切都是美好的，那就是保持乐观的性格。

真正拥有乐观性格的人，他的生活一定会富有情趣。快乐不是赚来的东西，也不是应得的报酬。快乐只是"我们思想愉悦时候的一种心理状态"，是生存的必需品。

与之相反，拥有悲观性格的人，则会天天躲在阴沉、消极的世界中生活。

歌曲之王舒伯特说过："只有那些能安详忍受命运之捉弄者，才能享受到真正的快乐。"当我们处于无可改变的不如意境遇的时候，只有勇敢面对，并且从容地在不如意中去发掘新的道路，才是求得快乐宁静的最好办法。

自我的感觉大多源于对待生活的态度，这对每个人都一样。如果你发现自己有"到某个时候我就快乐了"这种心态，你最好尽量改成让自己此时此刻享受到满足感。把你的注意力集中在尽情享受眼前的时光，不要浪费精力为未来虚构的困难而悲观。

恐惧感和焦虑感从何而来

人们常常会遇到的一个问题，就是成功。成功为什么会是问题呢？

你知道你是有才华的，因为你已经崭露头角。然而就在你即将达到目标的时候，一些事情却发生了。在关键时刻你或者失去了坐标，把精力转向一些不重要的事情上；或莫名其妙地情绪低落了；或是正当你需要精力和意志时，却变得精疲力竭。

有时，你只是对于所做的事失去了兴趣而并不是有意地阻碍或减缓自己前进的步伐。那么一定是有什么东西隐藏在令人费解的行为之后。如果有的话，你一定要设法弄清楚，因为它已经开始对你产生影响了。

做一个简单的练习，测试一下你是否对成功怀有一种恐惧感。

在一张白纸的左上角，记下你对于成功产生恐惧感的最早年龄。让我们来看一看你的经历，你都写了些什么。每当你就要取得成功时，却人为地制造了一些麻烦，如果不能肯定遇到的麻烦是什么，那么你就问自己如下问题：

当你需要一些东西时，是否能清楚响亮地说出来？当需要的东西很难得到时，是否能继续坚持呢？你是否把自己介绍给那些你想结识或者需要结识并且能从他们那里得到些东西的人呢？当你取得比赛胜利、考试取得好成绩或者有了一个美妙的约会时，感觉是什么样的呢？

有时，这种称为"自我障碍"的现象就体现在我们的举止行为上。按理来说，我们做事情应该是精力充沛、生机勃勃。这里所说的生机不是别的什么东西，而是每个人最初都拥有的那种对健康的渴求。每个人都曾拥有过这种对生命的本能的渴求。那么在沧桑岁月中,你什么时候把它丢掉了呢?是10岁的时候,15岁的时候,还是25岁的时候?

在给自己所列的年表做结论之前,想提三点注意事项。

第一,退却并不总是对成功怀有恐惧的一种表现。

我们中的大多数人都有这种感觉,有学位、有好工作,以及有某种幸福的婚姻,看上去对别人是一种巨大的诱惑,但你却不能接受。人们也许会认为你发疯了,但你确实不能把自己和这种机会联系在一起,你会认为要是接受了,那无论如何是不对的,你自己很深刻地意识到这一点。

这就是问题的关键。如果你一直想要什么东西或是达到什么目标,而它近在咫尺了,你却拒绝了,那就叫"自我障碍"或"自我妨碍"。

如果你总是想强迫自己接受一份不喜欢的职业,只是认为应该去做,那你就是在自寻烦恼。你要记住,抛掉你不喜欢、不需要的东西并不是成功的恐惧症。

第二,你并不一定要对失去的每一个机会负责,你并不能控制整个世界。

第三,不要认为在某些事情上没有尝试是因为害怕失败。

记住,做自己能做的事是一种宽宏大度的举动,你一生下来就对社会负有责任。做好你能做的事,意味着对社会付出了爱。当一种潜在的力量影响你能力的发挥时,那是一种遗憾。我们每个人都能做别人不能做的事,任何一个人都能爱别人所不能爱。

除了恐惧感,焦虑感也是困扰许多人的一个问题。

在当今这个智商和情商共存的社会中,具有较高的智商固然重要,但如果没有足够的情商,一个人也很难在社会交往中处理好各种复杂的人际关系。要衡量一个人的情商,其中一个最主要的方面就是看他在社会中怎样进行人际交往。

在如今快节奏的现代生活中，社会交往日益增多，社会交往的成败往往直接影响着人们的升学就业、事业发展、恋爱婚姻，因而使人承受着巨大的心理压力。由此产生焦虑情绪，造成心神不宁、焦躁不安。严重影响其工作和生活。

焦虑情绪常见的表现如下列实例。

其一，谈判焦虑。一位来自香港的年轻老板黄先生，曾有很好的经商业绩，他到内地发展事业后，娶了有经济专业硕士学位的霍小姐为妻。他因感到自己对内地政策、风俗了解较少，普通话也讲不好，因而在商业谈判中总是怕开口，只好让妻子做他的代理人。他的妻子经商经验不多，自信心不足，因而也没有取得好的谈判效果。

其二，同事焦虑。英语专业毕业的路小姐业务能力极强，走到哪里都能得到上司的赏识，她工作6年均在合资公司，但却换过8家公司，她为什么频繁跳槽呢？其实既不是她不适应业务，也不是老板炒她鱿鱼，都是她自己自动离职。原因只有一个，她曾困惑地对心理医生说："我不知道如何与同事相处，为什么总有人造谣诬蔑我？有人排挤我？有人向老板告我的黑状？我也没有做错什么，为什么不能容忍我的存在？我只好逃避……"

其三，压力焦虑。随着工作压力越来越大，一个人在工作中承受压力的能力将决定着他的工作绩效，一些不善于在压力下工作的人往往容易产生焦虑。这种焦虑主要表现在惧怕挑战、对内部人事变动敏感、对自己的能力不自信等。

其四，着装焦虑。中青年女性容易产生与化妆或者着装有关的焦虑情绪。简女士说："一看见别人比自己会打扮，就像打了败仗一样，情绪一落千丈。"钟小姐说："在某些隆重的场合感到自己服装色彩的搭配不和谐，服装的样式也不够时髦，顿时觉得无地自容……"

另外，还有如亲友焦虑、校友焦虑、餐桌焦虑等。形形色色的焦虑情绪不胜枚举，它们像病菌一样侵蚀着人们的精神和身体，不仅妨碍人际交往，还会直接影响人们的身心健康。其实，分析一下产生焦虑情绪的原因，无非是来自自卑心理、自我评价过低、忽视了自己的优势和独特性。

下面让我们对焦虑情绪进行进一步剖析。例如，有人做事急于求成，一旦不能立竿见影地取得所谓的成功，就气急败坏，首先从精神上"打败"了自己，这是焦虑陷阱之一。认为自己的表现不够出色，被别人"比了下去"，丢了面子，于是就自责，自惭形秽，产生羞耻感，这是焦虑陷阱之二。看问题太死板，以为做不好的事情都是自己的责任，怪自己太笨，却不知一个问题的解决，其实需要多方面的条件，这是焦虑陷阱之三。现实中绝大多数人和事物都具有两面性。所以不可以用绝对化的评价方式去看待周围的人与事，否则就容易产生焦虑，这是焦虑陷阱之四。

传统观念总是引诱人们追求十全十美，言行举止、吃喝穿戴都要顾虑很多。实际上那是一个温柔美丽的陷阱，俗话说"人比人，气死人"。其实，人类是地球上最高级的社会性动物，人群本身就是极其多样性和多元化的，正如大象、小兔、犀牛和长颈鹿不能相互比较一样，每个人都有自己的个性、能力、社会作用等，都是他人不可替代的。所以，要排除来自社会的心理压力所造成的焦虑，就必须改变自己的想法。下面的建议对于克服焦虑情绪是极其有效的。

第一，不要"看着别人活，活给别人看"。要问一问自己，我的生活目标是什么？我是不是每天都有所进取？学会正确认识自己，愉快地接纳自己，以自我评价为主，正确对待他人评说。

第二，在社会交往中，让自己坦然、真诚、自信、充满生命的活力，充分展示自己的人格魅力，就会赢得成功。

第三，锻炼人际交往中的亲和力。世界已经进入了合作的时代，一个人的人格魅力在智慧、在内心，学会"人合百群"是当代社会交往的要求，应摒弃"物以类聚，人以群分"和"酒逢知己千杯少，话不投机半句多"的陈旧观念。

越浮躁，你就越难以成事

一个人如果有轻浮急躁的心态，是什么事情也干不成的。在现实生活中，常有人犯浮躁的毛病。他们做事情往往既无准备，又无计划，只凭脑子一热、兴头一来就动手去干。他们不是循序渐进地稳步向前，而是恨不得一锹挖成一眼井，一口吃成个胖子，结果必然是事与愿违。

古代有一个年轻人想学剑法。于是，他就找到一位当时武术界最有名的老者拜师学艺。老者把一套剑法传授与他，并叮嘱他要刻苦练习。

年轻人问师傅："我照这样练习，需要多久才能够成功呢？"师傅回答："三个月。"

年轻人又问："我晚上不去睡觉来练习，需要多久才能够成功？"师傅答："三年。"

年轻人吃了一惊，继续问道："如果我白天黑夜都用来练剑，吃饭走路也想着练剑，又需要多久才能成功？"师傅微微笑道："三十年"。

一个人如果急于求成，就难免心浮气躁，那么他离成功也就越远。

心理学研究认为，浮躁是一种冲动性、情绪性、盲动性相交织的不良心态。浮躁在情绪上主要表现为心神不宁、不安分、见异思迁、焦躁、急功近利等；在行动上往往以情绪代替理智，在行动之前缺乏思考，总想投机取巧，盲动而冒险。

许多人遇到紧急情况时总是惊慌、忙乱，这种反应对解决问题没有丝毫的帮助，只会令事情越来越糟。

有几个老矿工，他们终日在极深的坑道中工作。有一天，矿灯突然熄灭了，他们顿时惊慌失措，开始胡乱地寻找出路。一阵混乱地摸索后，他们竟然迷失了方向，几个人走得精疲力竭，只好坐下来休息。

大家谁也不说话，空气中是令人窒息的恐惧，好像死亡即将来临。一些人坐不住，开始烦躁地走动着。这时，一个平时处事冷静的老矿工开口说话了："与其这样盲目乱找，不如坐在这里，看看是否能感觉到风的流动，因为风一定是从坑口吹来的。"

大家听了他的话，似乎看到了希望，都稳稳地坐了下来。刚开始没有一点感觉，可是一段时间后，他们的心思变得很敏锐，逐渐感受到阵阵微弱的风轻拂脸上。他们顺着风的来处，终于找到出路。

在慌乱中寻找人生的出路，往往会失去方向，不如保持静默，拭去心灵的浮躁，出路往往就会出现在你面前。

还听过这样一个小故事。有一个木匠在工作的时候，不小心把手表掉落在满是木屑的地上，他一面大声抱怨自己倒霉，一面拨动地上的木屑，想找出他那只心爱的手表。

许多伙伴也提了灯，帮他一起找，可是找了半天，仍然一无所获。等这些人去吃饭的时候，木匠的孩子悄悄地来到屋子里，没一会儿工夫，他居然找到了手表！

木匠又高兴又惊奇地问孩子："你是怎么找到的？"

孩子回答说："我只是静静地坐在地上，一会儿我就听到'嘀嗒'的声音，就知道手表在哪里了。"

是啊，心烦意乱是不能让问题得到解决的，倒不如静下心来，也许一切便迎刃而解。

浮躁不但使人失去对自我的准确定位，使人随波逐流、盲目行动，因此必须加以克服纠正。遇事要善于思考，既不能自作主张也不能盲从。首先考虑问题应从现实出发，要看到命运就掌握在自己手里，道路就在脚下，看问题要站得高、看得远。其次，要有务实精神。务实就是实事求是、不自以为是。务实是开拓的基础，没有务实精神，开拓只是花拳绣腿。

比较是人获得自我认识的重要方式，然而比较要得法，即"知己知彼"，知己又知彼才能知道是否具有可比性。有了这一条，人的心理失衡现象就会大大降低，也就不会产生那些心神不宁、无所适从的感觉。

繁忙紧张的生活容易使人心境失衡，如果患得患失，不能以宁静的心灵面对无穷无尽的诱惑，就会感到心力交瘁或迷惘躁动。所有的奢望、祈求和羡慕，都是一厢情愿，只能加重生命的负荷，加速心态的浮躁，而与豁达安乐无缘。

在生活中，浮躁只会阻碍事情的进程，只会令人迷失正确的方向，只会让人劳而无获。摒弃浮躁的心态，才能早日摆脱困境，获取成功。

可以内疚，但不可沉迷其中

内疚、悔恨情绪是来自心灵深处的"悄然声音"。从生命的本质上讲，内疚、悔恨情绪能使你经常为他人着想，体谅别人。当我们以婴儿的形式来到世界上，特别是在幼年时期，我们很少注意到别人是否舒适和便利，自己想要什么就要什么；当日渐长大时，我们会逐渐认识到，世界上还有其他人活着，自己必须有时候顾及他人的存在。许多人在生活中潜移默化地受到内疚、悔恨情绪的影响，他们简直成了一台名副其实的"悔恨机器"。这种机器的运转程序是这样的：某人某事发出一个信息，这一信息反馈到他的身上，而他根据自己所说或未说、感到或未感到、已做或未做的事情来看，似乎可以得出一个结论：他已变成一个坏人或者他的人格已经降低。

于是，他一旦听到这一信息，便会感到情绪低落，并为自己过去的事情感到后悔和不安。这样他便成了那部"悔恨机器"——一种能够行走、说话、呼吸的装置。只要他人给加入适当的燃料（即有关人或事的信息），他就会产生内疚、悔恨。

某石棉公司的总经理杨先生就是一位陷入人格内疚、悔恨误区的人。他在心理咨询时告诉医生这样一件事情：他有一个非常要好的朋友，二人从小在一起，小学、中学、大学都是同学。工作后，杨先生感到自己所在的石棉厂不景气就下海经商，自己办了一个石棉公司，而他的同学依旧在单位上班。当初杨先生办公司时经费匮乏，他的同学几乎倾家荡产给他凑了2万元，无偿支援他。到了1997年底，杨先生的石棉生意越做越红火。为了取得更大利润，杨先生不断扩大经营品种，石棉绳、石棉瓦、石棉盘根等应有尽有。他刚刚把20万元的现金进了原材料，他的同学打电话过来说，要买一座三室一厅的房子，需要借1.5万元钱。杨先生在电话里解释说："我刚刚把20万元的现金给山东盖老板电汇过去，如果你早打过来10分钟，我就绝对可以借给你。"朋友在电话那边不高兴了，说："我想你随随便便凑5万元钱都是轻而易举的事，何况1.5万元钱。实在没有，就算了。"两个朋友之间的亲密关系有了裂痕，虽然也相互来往，但没有了以前的亲密、热情。杨先生从那时起，心里就滋生着一种内疚、悔恨的情绪。他一直想补偿欠下的人情，但朋友一直不给他机会。见面后，朋友说话总是夹枪带棒、冷嘲热讽。最近发生的一件事更是让杨先生痛苦不堪。他提着礼品去看望朋友，走到楼下给朋友家里打电话，家里电话是朋友的儿子接的，朋友的儿子在电话里说爸爸上班去了，妈妈买菜去了。因为杨先生不想把礼品拿回去，便径直上楼，门开后发现朋友和妻子都在家。他坐了10分钟，两个人相对无语。杨先生说他的这种内疚、悔恨情绪快把他逼疯了。

对于一个人来讲，内疚、悔恨的形成也有其深刻的社会根源。杨先生是一个艺术型思维的人，喜欢追求人生的完美和人格的高尚，在他的潜意识里存在着这样一条奇怪的定律：我如果不感到悔恨，就会被人看作是"缺乏良知"；如果我不感到内疚，就会被认为"不近情理"。

其实，每个人的内疚、悔恨情绪的产生都涉及你是否关心他人。如果你确实关心某人或某事，那么显示你关心的方法就是为自己所做的错事感到内疚、悔恨，或者对其将来感到关注。

在各种人格误区中，内疚、悔恨是最为无益的，它无疑是在浪费你的情感。内疚、悔恨是你在现时中由于过去的事情而产生的惰性。然而，时光一去不复返，无论你怎样内疚、悔恨，已经发生的事情是无法挽回的。在这里，我们有必要指出，内疚、悔恨与吸取教训是存在很大区别的：悔恨不仅仅是对往事的关注，而是由于过去某件事产生的现时惰性。这种惰性范围很广，其中包括一般的心烦意乱直至极度的情绪消沉。假如你是在吸取过去的教训，并决意不再重犯，这并不是一种消极悔恨。但是，如果你由于自己的某种行为而到现在都无法积极生活，那便成了一种消极悔恨了。吸取教训是一种健康有益的做法，也是我们每个人不断取得进步与发展的必要环节。悔恨、内疚则是一种不健康的心理，它会白白浪费自己目前的精力。这种行为既没有好处，又有损于身心健康。实际上，仅靠悔恨是不能解决任何问题的。

那么，在现实生活中，人们为什么会如此普遍地陷入内疚、悔恨心理，为什么要浪费自己或他人的美好时光去为那些已经做过或未做的事情悔恨呢？这是因为：

（1）如果一个人悔恨、内疚往事，就不必积极利用现在的时光自我发展。显然，同许许多多的自我挫败行为一样，内疚、悔恨是让自己回避做出改变的一种手段。这样，你就可以将目前的状况归咎于过去，从而摆脱一切责任。

（2）内疚、悔恨有助于人们将自己行为的责任推卸给他人。将自己悔恨的焦点转向别人是很容易的。

（3）内疚、悔恨可以使你重新回到幼时的受保护环境。表示内疚、悔恨是赢得别人同情的绝妙办法。

以上诸种便是内疚、悔恨行为产生的最为明显的原因。内疚、悔恨和其他自我贬低情感一样，是一种选择，是你可以控制的情感。假如你不喜欢它，并希望消除它，以使自己完全"不再内疚、悔恨"，下面便是你可以采取的一些初步措施：

（1）无论你多么痛苦或者需要，从现在开始，你必须将所有过去发生的让你伤心或者伤感的事情视为已经无法挽回的结局。往事已成为历史的一页，不管你怎样悔恨也不会有丝毫改变。记住这么一句话："内疚、悔恨既不能改变往事，也无法使自己有所长进。"根据这一认识，你便可以将内疚、悔恨与吸取经验教训区别开来。

（2）经常性地问问自己：通过悔恨，你想在现实中避免什么？只要努力解决你所要避免的问题，你便可以消除自己内疚、悔恨的心理。

（3）重新审视你的整体价值观念。哪些价值观念是你最为信奉的？哪些仅仅是你口头上所信奉的？列出你认为那些虚伪的、假的、形式上的价值观念，并且尽力依照自己的思想观念和道德标准行事，不要接受任何人强加于你的道德标准行事。

（4）从现在起，开始接受你自己所接受、所选择、别人未必赞许的某些事情。这样，如果父母、同事、邻居，甚至爱人不赞成你的某些行为，你可以认为这是正常的。回想一下前面关于寻求赞许心理的论述，关键在于你要对自己表示赞许；得到他人的赞许是令人愉快，但也是无关紧要的。一旦你不再需要得到他人的赞许，你也就不会因为自己的行为受到反对而内疚、悔恨了。

（5）客观分析自己的行为的各种后果。不要根据直觉来判断生活中的是与非，判断的标准应当是看你的行动是否使自己精神愉快，是否有助于你向前发展。

（6）对于现实生活中那些力图使你内疚、悔恨，并借此控制你行为的人，应该明确表示自己完全不会因他们对你的失望而感到忧虑不安。这一过程需要一定的时间，但是当这些人意识到他们不能迫使你感到悔恨时，他们的行为就会有所转变。一旦你消除了自己的内疚、悔恨心理，你就不会在情感上再受他人控制或支配。

03
第三章

活在当下，享受每一个今天

当我们沉溺于过去时，就无法在生活中体验美好。了解过去确实重要，但持续下去，只会令自己沉迷于昔日的生活，而不断背负美好已经过去的痛苦。当我们执着于未来时，就无法在生活中感受轻松。关注将来固然重要，但长此以往，只会让我们焦虑迷茫、患得患失。朋友，把握好当下的生活吧，享受每一个今天，你的人生就充满了快乐。

享受当下，不为昨天流泪

"拿得起，放得下"这句俗语说的就是洒脱生活这样一个道理，然而并不是所有的人都能做到"放得下"，很多人依然活在过去的事情当中。每当人们想起以前发生过的事情，无论是亲人的离别、初恋的终结，还是事业上的失败，都会感到痛苦。太多人习惯于为昨天流泪，习惯于回忆过去，就像给自己的心灵上了枷锁，用忏悔来束缚自己。活在当下，如果总是为昨天而流泪，我们怎么能真正地享受生命呢？

我们应该学会忘记，忘记过去。无法忘记过去的人，常常会连今天也失去；沉迷于昨日的人，很可能会错过了人生美丽的金秋、辉煌的未来。活在昨天里的人不愿意面对今天的各种变化，当今天发生新变化时，他就会茫然，感到不知所措，变得烦躁不安。

时光的流逝永不停息，我们应该学会忘记过去的遗憾、过去的伤痛，因为还有许多美好的事在等着我们。

有一位著名的作家阿里，有一次他和吉伯、马沙两位朋友一起旅行。三人行经一处山谷时，马沙失足滑落，幸好吉伯拼命拉他，才将他救起。于是马沙在附近的大石头上刻下："某年某月某日，吉伯救了马沙一命。"三人继续走了几天，来到一处河边，吉伯跟马沙为了一件小事吵起来，吉伯一气之下打了马沙一耳光。马沙跑到沙滩上写下："某年某月某日，吉伯打了马沙一耳光。"当他们旅游回来后，阿里好奇地问马沙为什么要把吉伯救他的事刻在石头上，将吉伯打他的事写在沙滩上？马沙回答："我永远都感激吉伯救我，我会记住的。至于他打我的事，我会随着沙滩上字迹的消失而忘得一干二净。"

我们的确应该记住某些事，但我们更应该学会忘记某些事。无论对错，过去的事情终究已成过去，如果我们只记得过去，每天都会很累，总会负重前行。在事情过去之后，我们应该学会忘记，只有这样才能步履轻快，奔向幸福的生活。

纵观芸芸众生，有谁能一生都活得春风得意、一帆风顺、无波无澜？成年人的世界背后总有残缺，命运就如一叶颠簸于海上的小舟，时刻会遭受波涛无情的袭击。"万事如意"只不过是美好的祝福而已，在现实面前它显得如此苍白无力。因此，我们应学会忘记，忘记过去生活中不如意之事带给我们的阴影。不要轻易说"想要把这件事忘记真的好难"，不要固执地摇着头说"痛苦的往事怎能说忘就忘"。只要退一步想一想，给人类带来光明的太阳也有黑子，给我们以阴柔之美的月亮也有阴晴圆缺，我们就能渐渐忘记昨天生活给我们带来的阴影，坦然地面对今天的太阳，微笑着迎接明天的生活。

也许我们曾经踌躇满志，豪情万丈，想大展宏图，而生活的道路却总是磕磕绊绊，崎岖不平；也许我们乐于平凡，甘于淡泊，向往宁静以致远，而生活的海洋却总不时扬起风浪。于是，我们感到很苦、很累、很彷徨、很失意、很痛苦，而所有的这些烦恼，只缘于我们没学会"忘记"，总是对那伤心的昨天念念不忘，对过去的不如意耿耿于怀，使得宝贵的今天痛苦满溢，让忧伤占据，并在浑然不觉中与今天失之交臂。

我们无法抗拒生命的流逝，就像我们无法抗拒每天太阳的东升西落。因此，我们应学会忘记。不要总把命运加给我们的一点痛苦，在我们有限的生命里咀嚼回味，那样将得不偿失，百害无一利。一味地缅怀和沉醉其中，只能使我们意志薄弱，长此以往，必然会导致我们错失时机以致一事无成，如此恶性循环，也必然使得我们的痛苦与日俱增。

在一次关于生活艺术的演讲中，哈佛大学的一位教授拿起一个装着水的杯子，问在座的听众："猜猜看，这个杯子有多重？"

"50克。""100克。""125克。"大家纷纷回答。

"我也不知有多重，但可以肯定人拿着它一点也不会觉得累。"教授说，"现在，我的问题是：如果我这样拿着几分钟，结果会怎样？"

"不会有什么。"大家回答。

"那好。如果像这样拿着，持续一个小时，那又会怎样？"教授再次发问。

"胳膊会有点酸痛。"一名听众回答。

"说得对。如果我这样拿着一整天呢？"

"那胳膊肯定会变得麻木，说不定肌肉会痉挛，到时免不了要到医院跑一趟。"另外一名听众大胆说道。

"很好。在我手拿杯子的期间，不论时间长短，杯子的重量会发生变化吗？"

"不会。"

"那么拿杯子的胳膊为什么会酸痛呢？肌肉为什么可能痉挛呢？"教授顿了顿又问道，"我不想让胳膊发酸、肌肉痉挛，那该怎么做？"

"很简单呀，您应该把杯子放下。"一名听众回答。

"正是。"教授说道，"其实，生活中的问题有时就像我手里的杯子。我们将问题埋在心里几分钟没有关系，如果长时间地想着它不放，它就可能会侵蚀我们的心力。日积月累，我们的精神可能会濒于崩溃。那时我们就什么事也干不了了。"

你的手中是否一直在拿着不同的杯子呢？一个盛着失败，一个盛着挫折，一个盛着懦弱，还有许多盛着我们不如意的过往。如果我们不能学会放下这些包袱，就不会轻松地面向生活。放下，就是忘记，就是为了更好地拿起。忘记昨天，是为了今天的振作。

忘记烦恼，你可以轻松地面对未来的考验；忘记忧愁，你可以尽情享受生活的乐趣；忘记痛苦，你可以摆脱纠缠，让整个身心沉浸在悠闲无虑的宁静中，体味多姿多彩的人生。

忘记他人对你的伤害，忘记朋友对你的背叛，忘记你曾有过的被欺骗的愤怒、被羞辱的自卑，你会觉得你已变得豁达宽容，你已能掌握住你自己的生活，你会更加主动、有信心，充满力量去开始全新的生活。

学会忘记，忘记我们对他人的恩惠，因为我们不贪图回报；忘记他人对我们的误解，因为相信总有一天会水落石出，真相大白，冰释前嫌。学会忘记，就像潮起潮落，花开花谢，云卷云舒，不必太在意。只要今天的我们在努力，我们就无愧于自己。只要我们活得问心无愧，我们就会觉得活得很轻松、很开心、很充实。

请记住，要享受当下，不要为昨天流泪！

过好今天，不要杞人忧天

我们经常会为一些还未发生的事情担忧。商人会担心股市跌落，老师会担心学生上课不用心听讲，家长会担心孩子考试不及格，总之要担心的事情很多。这种担心其实都是不必要的，只要我们做好准备，这些担忧都是可以避免的。

戴尔在小的时候就曾经对死亡产生过恐惧，他总是觉得自己犯有多种罪状，而且一定会受到上帝的惩罚，更害怕死后会去地狱。

有一次，已经13岁的戴尔从学校回家时，突然看见密苏里上空火光四射。戴尔被眼前的景象吓呆了，他不知道这是什么，吓得脸色苍白地跑回家中，一下子就扑进母亲的怀里。

"妈妈，快点救我，我就要死掉啦！"

詹姆斯太太被戴尔弄得莫名其妙。她不知道究竟发生了什么事情，于是也跟着惊惶起来。但这时的戴尔却结结巴巴，半天也说不出一句话来。他瞪着眼，双手捂着耳朵，一个劲儿地往母亲怀里躲。

"怎么啦，孩子？怎么啦，太太？"詹姆斯推门而入。詹姆斯是个悲观的宿命论者，见到家人哭哭啼啼，他就会联想今年的农作物有可能会被洪水卷走。费了好大一番功夫，詹姆斯和他的太太才弄清楚自己的孩子原来是被雷电吓坏了。

由于受到家庭的影响，加上生理上的某些缺陷，使少年戴尔比其他孩子更多地感受到生活的忧郁，也让他在成长中比别的孩子少了许多的欢乐。

在通常情况下，我们都能勇敢地面对生活中的重大危机，然而却会被那些小事搞得焦头烂额。其实，和宝贵的生命相比，这些小事又算得了什么？我们所能做到的就是把握住今天的美好时光。把握住今天，就是把握住了我们的生命。

沙林吉夫人一向是平静、沉着的性格，她从来没有为任何事情忧虑过。但是以前的她也会忧虑，而且程度还很严重。她说那时的她差点儿被忧虑毁掉。在她学会征服忧虑之前，她在自作自受的苦海中，生活了整整11年。那时她脾气不好，很急躁，生活在非常紧张的情绪之下。买东西时都会担忧此时如果房子被人烧了怎么办？佣人跑了怎么办？孩子们被汽车撞了怎么办？她常常会因莫名担忧而冒冷汗，往往会从工作单位跑回家，看看一切是否正常。在这种情绪的影响下，导致她第一次婚姻的失败。

她的第二个丈夫是一个律师，人很文静，有分析和判断能力，从不为任何事情忧虑。每当沙林吉夫人感到紧张或焦虑的时候，他就对她说："不要慌，让我好好地想一想，你真正担心的到底是什么呢？我们分析一下概率，看看这种事情是不是有发生可能。"

有一次，沙林吉夫人和她的丈夫在去新墨西哥州的一条公路上遇到了一场暴风雨。

那天，天下着雨，道路很滑，车子很难控制。沙林吉夫人担心车子会滑到路边的沟里去，可是丈夫一直对她说，车子开得很慢，不会出事的。丈夫的镇定态度使沙林吉夫人的心情渐渐平静了下来。

还有一次，一年夏天，他们准备到落基山区露营。一天晚上，他们把帐篷扎在海拔2000多米的地带，突然遇到了暴风雨。帐篷在大风中抖动着、摇晃着，发出很大声响。沙林吉夫人每分钟都想：帐篷要被吹垮了，要飞到天上去了。可是，她的丈夫不停地说："亲爱的，我们有几个当地向导，他们对这儿了如指掌，他们说这里从没有发生过帐篷被吹跑的事情。根据概率，今晚也不会吹跑帐篷。即使真吹跑了，咱们也可以躲到别的帐篷里去，所以不用紧张。"就这样，慢慢地，沙林吉夫人放松了精神，结果那一夜她睡得很安稳。

经过这两件事后，沙林吉夫人渐渐摆脱了这些愚蠢的担忧。

明天还没有到来，我们不要杞人忧天，为没有发生的事情担忧，让这些烦心的琐事影响我们的生活质量。我们现在所能做的就是把握好今天。

总之，如果你总是担心太多的事情，就不妨先看看这件事情在以前发生的概率，然后根据平均概率问问自己，你现在担心的事情，究竟有没有可能会发生。如果不可能发生，你就不要庸人自扰、杞人忧天了。

别为自己的错误而苦恼

人非圣贤，孰能无过？人生中的许多烦恼往往都来自自寻烦恼。当遇到了一点挫折、烦恼，就终日陷在无尽的自责、哀怨之中，感到羞于见人。这样不仅失去了快乐的心境，也影响了自己的精神状态。懊恼只会使自己更加痛苦。

懊恼，就像一剂慢性毒药，无休止地磨灭我们的意志，不知不觉地消耗我们的快乐，总有一天，我们会被它所吞噬。其实人的成长是一个不断尝试、改正失误的过程，只有经历了磨难，我们才能变得聪明。

世界著名小提琴家帕尔曼在小的时候患上了小儿麻痹症，使他走路也要靠双拐。成名之后的帕尔曼要在纽约市林肯中心的艾弗里·费雪厅举行一场音乐会。

当帕尔曼走到他的座位前，缓缓地坐下，把双拐放在地上，解开腿上的支架，一只脚收在后面，另一只脚伸向前方。然后他弯下身拿起小提琴，放在颌下，朝指挥点了点头，开始了演奏。

但这次演出出了点麻烦。刚演奏完前面的几个小节，小提琴的一根弦断了，人们可以听到它的断声。任何人都知道用三根弦是无法演奏出完整的和弦的。当时大家都屏住了呼吸，想要看看这位大师如何处理。

出乎意料的是，帕尔曼并没有给小提琴换弦。只见他丝毫未显得惊慌，只是闭上眼睛，非常轻松自然地给指挥一个信号，示意重新开始演奏。整个过程就好像已完成上一曲演奏的自然间歇，接着开始了下一曲。乐队奏响音乐，他从停止的部分开始演奏，但前后却衔接得非常和谐，听起来就像他调整了琴弦原有的音阶，演绎出一种它们从未奏出过的全新的声音。帕尔曼的演奏，让听众们第一次感受到三根弦奏出的音乐甚至比四根弦奏出的音乐还要美妙。

演奏结束，大厅中先是一片寂静，接着人们站起来热烈欢呼。帕尔曼微笑着，擦了擦额头上的汗，然后用恭敬的语气说道："大家知道，有时演奏艺术家的工作就是用你仅有的东西创作出新的音乐。"

帕尔曼在极其困难的条件下，获得了如此巨大的成功，就是因为他没有被自己打败。倘若在琴弦断的那一刻，他丧失了冷静，不停地后悔、懊恼，那他这次就真的失败了。相反，帕尔曼没有懊悔，用自己的勇气、智慧、胆识创造了奇迹，改写了小提琴的演奏历史。

失败是宝贵的经验，是成功的先导。面对错误，我们大可不必怨天尤人，要善于化错误为成功，从中吸取教训，而不是在懊悔的泪水中虚度时光。

从上面的例子可以看出：面对一系列的挑战，我们要做的只不过是在喜乐与悲伤之间，选择以喜乐去面对世事，这样就能沉着地去面对人生中一个又一个挑战。没有人能以任何方式夺走我们的喜乐。

人生就是不停地奔波，我们免不了跌倒或迷失。一个聪明的人，绝不会为他所缺少的感到悲哀，而只会为他所拥有的感到欣喜。生命只有一次，失去的永远不再拥有。面对无法挽回的错误，后悔、埋怨都无济于事，反而会阻碍你继续前进的步伐，所以最好的方法就是忘记它，然后重新开始。千万不要在过去失败的泥潭里越陷越深，最后导致无力自拔。

那怎样才能避免悔恨呢？避免悔恨的最佳方法就是生活在现在。人的一生中有许多这样的时候，有些东西，自己拥有的时候不太在意，一旦失去则后悔莫及。唯有活在现在，你才能把握住自己的人生。

因此，我们要学会宽恕自己，不要过分地苛求自己。当我们犯了某个错误，或辜负了自己的期望时，要学会原谅自己，别为自己的错误而苦恼。这样我们才能获得更加精彩的生活。一味地沉浸在错误之中，只会浪费更多的时间和精力。

不要在意那些已成过去的牵绊

在人生的道路上，每个人都会遇到很多的艰难险阻，或遭受侮辱、歧视，或者遇到不公正的待遇。当你处在人生低谷的时候，切记千万不要一直为以前的错误而伤心，因为它永远也不会给予我们新的发现。相反，我们要正视现实，保持良好的心态，寻找一条适合自己的道路，那才是最重要的。

亚伦·山德士先生永远记得他的生理卫生课老师保尔·布兰德温博士给他上的最有价值的一课。

当时，亚伦·山德士先生只有十几岁，却经常为很多事发愁，为自己犯过的错误自怨自艾。他老是在想自己做过的事，希望当初没有那么做；老是在想自己说过的话，希望当时把话说得更好。

一天早晨，亚伦·山德士走进科学实验室，发现保罗·布兰德温老师的桌边放着一瓶牛奶——真不知道这和生理卫生课有什么关系。突然，老师一下把那瓶牛奶打翻在水槽中，同时大声喊道："不要为打翻的牛奶而哭泣。"

然后，老师把亚伦·山德士叫到水槽边上说："好好看看，永远记住这一课。"

牛奶已经漏光了。无论你怎么着急，如何抱怨，也不能救回一滴了。我们接下来能做到的就是，吸取这次的教训，去准备做好下一件事情。

对于聪明人来说，他们从来不会为打翻的牛奶哭泣，他们也永远不会坐在那里，为自己的错误而悲伤，相反，他们会很高兴地找办法来弥补过错，他们会想尽一切办法把损失降低到最小。

乔恩和姑父住在一个抵押出去的农庄上。那里土质很差，灌溉不良，收成又不好，所以他们的日子过得很紧，每分钱都要节省着用。可是，姑妈却喜欢买一些窗帘和其他小东西来装饰家里，为此她常向一家小杂货店赊账。乔恩的姑父很注重信誉，不愿意欠债，所以他悄悄告诉杂货店老板，不要再让他妻子赊账买东西。姑妈知道后，大发脾气。

这事距今差不多有 50 年了，她还在因为这件事发脾气。乔恩曾经不止一次听她念这件事。

最后一次见到姑妈时，她已经 70 多岁了。可是，她依旧还在抱怨这件事情。乔恩对她说："姑妈，姑父这样做确实是不对。可是你都已经埋怨了半个世纪了，这不比他所做的事还要糟糕吗？"

琐碎的日常生活中，诸如撞碎油瓶、打翻牛奶的事在所难免，但总有人一味沉溺在已经发生的事情中，不停地抱怨，不断地自责，这样一来，将自己的心境弄得越来越沮丧。像这种看到眼前困境而只知道抱怨的人，注定会活在迷离混沌的状态中，看不见前方明朗的天空。正如俗语说的一样：天不晴是因为雨没下透，下透了，也就晴了。

尘世之间，变数太多，就像手中的油瓶刹那间被石头撞碎，牛奶突然之间被打翻了一样，事情一旦发生，绝非一个人的心境所能改变。道理明明白白：伤神无济于事，郁闷无济于事，一门心思朝着目标走，才是最好的选择。

生而为人，长长短短的人生路上，一旦有了明确的目标，就不要在意这样那样的牵绊，要紧的是不懈地去探寻、去追求。

笑对生活，不预支明天的烦恼

现实生活中有很多人，企图把人生的烦恼都提前解决掉，以便将来过得更好、更自在，彻底无忧无虑。而实际上，很多事是无法提前完成的。过早地为将来担忧，不但于事无补，反而让自己活得很累。

如果想要使自己过得轻松、过得有诗意，就不能预支明天的烦恼，不要想着早一步解决掉明天的烦恼，努力把握好今天的事情。实际上，等烦恼来了，再去考虑也不迟。所谓"车到山前必有路，船到桥头自然直"。况且，明天的烦恼，你又怎能提前解决呢？更重要的是，有时候人们经常会夸大想象出来的明天的烦恼。

今天无法解决明天的烦恼，只要保持坚强的心态，即便明天有任何困难出现，也可坦然去面对、去解决。况且，再幸福的人也有烦恼，再不幸的人也有快乐。世间的每个人都有喜怒哀乐，抱着烦恼不放，就会把快乐丢掉。如果要选择哭着活一年，还不如选择笑着活一天，开开心心地过好今天才是最重要的。

土灰色的沙鼠是生活在撒哈拉沙漠中的一种动物。每当旱季到来之时，这种沙鼠都要囤积大量的草根，以准备度过艰难的日子。因此，沙鼠在旱季到来之前都会忙得不可开交，它们满嘴含着草根在自家的洞口进进出出，辛苦的程度是可以想象的。

但是，如果当沙地上的草根足以使它们度过旱季时，沙鼠仍然要拼命地工作，必须将草根咬断运进自己的洞穴，这样它们似乎才能心安理得，感到踏实，否则便焦躁不安，这是一个很奇怪的现象。

经过研究证明，沙鼠完全可以不用这样劳累和多虑，由于这一现象是由一代又一代沙鼠的遗传基因所决定，是出于一种本能的担心。因此，沙鼠经常干一些相当多余又毫无意义的事情。

可以说，沙鼠就是预支明天烦恼的典型例子，下面的这则故事也讲述了同样的道理。

有一个铁匠，家里非常贫困，因而他就经常担心："如果我病倒了不能工作怎么办？""如果我挣的钱不够花了怎么办？"结果，他严重地预支了明天的烦恼，这些烦恼压得他喘不过气来，渐渐地，身体越来越弱。

有一天，他突然昏倒在街上，恰好有个医学博士路过。博士在询问了情况后十分同情他，就送了他一条金项链并对他说："不到万不得已的情况下，千万别卖掉它。"铁匠顿时觉得没有什么后顾之忧了，于是高兴地回家了。

从那天以后，他不再像以前那样经常考虑明天的烦恼了，因为如果他实在没钱了，还可以卖掉这条金项链。这样，他白天踏实地工作，晚上安心地睡觉，逐渐地，他又恢复了健康。后来他的小儿子也长大成人，铁匠家的经济情况也宽裕了。有一次，他把那条金项链拿到首饰店里估价，老板告诉他这条项链是铜项链，只值1元钱，铁匠恍然大悟："原来，博士是想通过这条'金项链'治好我的病。"

我们不难从中悟出这样的道理：预支明天的烦恼是徒劳无功的，做好今天的功课，就是对付明天烦恼的最好武器。当我们把心头的沉重包袱放下时，原来焦虑的那些令人不安的后果往往也难以发生。人应当成为生活的强者，而不是逃亡者。遇山绕行、适水改道只能从表面上暂时避开烦恼，并不能得到真正的解脱。因此，遇到烦恼时不要害怕、不要退缩，只有遇山开路、逢水搭桥才能彻底解除心中缠绕的束缚，才能真正地解决问题。

大仲马面对烦恼时可以平平淡淡地说："人生是由无数小烦恼组成的念珠，懂得人生价值的人会笑着数完这串念珠的。"简简单单的一句话，却道出了人生的真谛——笑对烦恼！人生有无数的烦恼：大至生老病死，小至柴米油盐……当我们面对它们时，能否做到像大仲马那般坦然、那般从容呢？

威灵顿是一名英国将军，他在一次打仗失利后落荒而逃，在他沉浸于战败的痛苦与耻辱时，被风中拼力结网的蜘蛛所激励，后来重整旗鼓，终于在滑铁卢战役挫败拿破仑。

又如，张海迪从小就身体严重瘫痪，但她仍然以毅力的大锤敲开了生活大门的铁锁。她没因为自己的身体缺陷而自暴自弃，反而在生活中比正常人做得更加出色。

再如，举世闻名的拳王阿里在一次拳击比赛中，被名不见经传的肯·诺顿打碎了下巴，以惨败告终，舆论界大哗，嘲讽、挖苦的声音雪片般飞来。面对这种烦恼，阿里表现得相当冷静，重新认识自己失败的原因。他把这些意外的打击变为行动的动力，毫不松懈地苦练。终于他在后来洛杉矶的比赛中一拳就打败了肯·诺顿，重新取得了胜利，重新赢得了掌声。

我们不得不佩服他们对待烦恼的积极精神和乐观态度，正因为他们的这种心态，他们才能在人生中取得成功。

如果你想成为生活的强者，就必须笑对烦恼。因为微笑能使我们保持心平气和的状态，能帮助我们找到解除烦恼的途径，将生活中一个个"拦路虎"清除，把坎坷的小径拓成一条康庄大道。

只有笑对烦恼，才能真正懂得人生价值。因为在烦恼面前，越是悲观逃避，就越使它变本加厉。而人生的价值在于拼搏进取，在于用自己坚强的意志去排除一切障碍。就像在风雨肆虐的大海上行船的人，如果他不敢与之抗衡，被暴风雨的气势所吓倒，他就只有葬身海底的结局。当面对烦恼时，如果能以顽强的毅力不懈拼搏，凭着不达目的不罢休的信念，就必能到达成功的彼岸。

其实，在人的一生中，时时刻刻都会遇到不同的烦恼。如果以逃避的方式面对烦恼，就只会终日在烦恼中挣扎。相反，如果能以顽强的毅力、不懈拼搏和乐观的精神面对烦恼，就一定能消除烦恼，天天都活在快乐之中。

04
第四章

轻装前行，做好人生的减法

人应该学会舍弃。张爱玲说，要舍得，有舍才有得。舍弃不是你心灵真正需要的东西，减掉心灵的负荷，潇洒一点，豁达一点，聪明一点，糊涂一点，不仅要活，还要有质量地活。轻装上阵，笑看人生。也许当人们知道如何舍弃的时候，人生才会表现得淡定和从容吧。

负重而行永远无法乐天

生活中很多人都想过那种乐天派倡导的快乐健康的生活，可是他们头脑中始终被贪欲的魔鬼支配着，看到什么都想追求，看见什么都想占有，如此一来，负重而行永远也无法达到真正的乐天境界。

比如，像下文中这只小虫子一样的人就永远无法乐天。

在柳宗元的《蝜蝂传》中描述了这样一只奇怪的虫子，这只虫子是勤俭的能手，可是它太贪心了。它在路上爬，看见路边有什么小米粒、小麦穗啊，不忍心丢弃就将其背到背上。如果说爱惜粮食是应该的话，可是它看到其他一些没用的东西也会捡起来。也许它想废物利用，可是它自不量力啊！把所有的东西都背起来，结果背到背上的东西也越来越重，简直连命都要搭上了。

有好心人看见这只小虫子实在可怜，劝它拿下来一点，可是这只小虫子很固执，而且是典型的舍命不舍财。等它缓过劲儿后，翻个身，又把刚卸下来的东西背上去了，再接着往前爬。最终，劳累的身体无法支撑，一命呜呼了。

也许人们都会嘲笑这只小虫子太可笑了，可是，在我们嘲笑小虫子的时候是否想到你我也曾这样生活过？有了车子想房子，有了小房想大房；有了10万想100万，有了100万想1000万；有了财想出名，有了小名要出大名……总之，在奋斗的路途上无论看到什么都想占为己有，不肯舍弃。于是，肩上背负得也越来越重。

不可否认，正当的追求欲望是我们奋斗的动力，可是，并不等于说，所有的欲望都是能促进我们奋斗的加油站。如果对应该舍弃的东西还死死抓住不肯放弃，自己也会有一天累得无法前行。比如，有些人明知道自己占有的东西中有些已经从曾经的"绩优股"变成了"垃圾股"，可是还像收藏古董一样，把蒙上几层厚灰尘的获奖证书之类的东西还要捧出来擦拭一番，一味沉浸于过去的辉煌中，就会阻碍自己前进的脚步，甚至对一些新生事物也看不惯，挑剔且不肯接受。

像这些以占有为满足的人，虽然他们已经从小虫子进化到了人，可是思想境界仍然停留在小虫子的层次，不是像小虫子一样可笑可悲吗？像这些永远负重而行的人永远无法得到乐天的真谛，无法轻松自在地乐天生活。因为乐天强调的是不被物役，简单自然地生活。乐天派并不认为占有的多，得到的多就是幸福，相反，他们强调轻装前进。这一点从他们的生活方式中可以看出。

目前有一些喜欢"租生活"的年轻乐天派。他们就提议租房子、租家具、租自行车等。尽管他们有能力为自己购置家具，可是他们也提倡租赁这种方式。这样他们就可以轻装上阵。当他们需要从一个地方走向另一个地方时，这些东西也就物归原主，不会因为购买后贬值而心痛，也不会因为舍不得放弃这些东西，让它们阻碍自己天南地北地去旅游。

虽然这些人过"租生活"也许是因为自己没有能力购置房屋的缘故，可是，他们的这种生活方式提醒我们，生命中不只有占有，不一定占有、拥有一切才有快乐。要懂得何时应该占有，何时应该舍弃，因为负重而行永远无法收获快乐。尽管很多物质财富和荣誉都是经过我们辛苦打拼得到的，可是，如果我们的理想是在气喘吁吁地奔波劳苦中实现，当成功需要付出生命的代价时，那人生是不是太痛苦了？因此，学会放弃是最好的选择！

大千世界，丰富的物质实在太多了，我们怎么可能把所有美不胜收的东西全部占有？就拿服装来说，即便你把所有流行的款式都买到了，可是占有这些也会把自己累得疲惫不堪。试想，哪一件衣服不需要你打理？这些难道不需要耗费你很多时间吗？这样做不是成了服装的奴隶，被物所役了吗？因此，占有并不一定就能快乐。而且，有些东西我们也不需要占有，只要够我们使用足矣。因为有些人就是投资家，就可以为我们提供需要的东西，比如，提供房屋供我们租住的人。如此，不就双方各取所需了吗？

因此，要想乐天就要轻装前行，不要被多余的东西所累。只要有够用的钱，能解决我们的生活问题就足矣了，剩下的便是尽情地去享受生命的美好。不要再为了挣钱而挣钱，为了工作而工作，这样只能使我们迷失在名利的道路上，永远无法享受真正快乐轻松的生活。

舍弃那些多余的财富

在动物界，鼬鼠可是个勤快的动物。它们整天忙忙碌碌，不停地寻找着食物，把吃不完的食物储存到洞穴里。据统计，鼬鼠一生要储存20多个"粮仓"，足够十几只鼬鼠毕生享用。然而，鼬鼠最后却会被饿死。拥有众多"粮仓"的鼬鼠怎么可能饿死呢？真是不可想象！

原来鼬鼠在晚年躲进自己的"粮仓"里要享受时才发现，因门牙无限生长无法进食，必须啃咬硬物磨短两颗门牙才行。可是，当初年轻时只顾着储藏粮食了，没考虑到粮食以外的任何东西，总认为有了粮食就万事大吉，谁知道现在看着成堆的食物却无法享用。鼬鼠只能长叹一声，凄惨地饿死在成堆的粮食上。

鼹鼠的悲剧告诉我们，一味忙于索取，忘记维修保护索取的工具，最后得到许多也会无法享受，甚至连命都会搭上。

那些贪婪的人也和鼹鼠一样，总是感觉自己拥有的少，试图把天下的财富都占有，总是不停地追求着、奔波着，结果看不见隐患，看不见潜在的危机，让自己不堪重负，也会上演鼹鼠这样得不偿失的悲剧。

在美国一个大医院里，有一个心肌衰竭且比较肥胖的演员。医生劝他休息一段时间，可是病人回答："不能。尽管我已经有很多钱了，但是还要拼命地去赚，因为我太爱钱了。"

这位病人没有听从医生的劝导，终于在一次演出的时候，晕倒在了舞台上。在弥留之际，这位演员说了一句话："尽管人的身躯很庞大，但生命需要的仅仅是一颗心！"

后来，院长将他的这句遗言镌刻在了医院救济中心的大墙上，以此来警示后人。

一转眼很多年过去了，一天，这家医院又接收了一名心肌衰竭的病人，他是因为生意谈判晕倒在谈判桌上的。暂时脱离危险后，医生建议他多休养，少操劳。但是病人没有听从劝告，他想在有生之年赚取更多的财富。于是他不仅包下了医院的一层楼，且在自己的病房里安上了各种电话和传真机，继续工作着。

有一天，病人来到了楼下，突然看到了墙上的那句警示语。他在这个警示语下面伫立良久。回到病房之后，他立即命人拆掉了所有的电话和传真机，精心养病。出院之后，他做出了一个惊人的决定——把自己拥有的价值数千万元的公司卖掉，带着妻儿回乡下去安度晚年。

他在自传中写道：富裕和肥胖没有什么两样，不过是获得超过自己需要的东西罢了。要想活得健康和自在一点，必须尊重自己的生命，舍弃那些"多余"的财富。这个人就是美国的石油大亨默尔先生。

的确，多余的脂肪会压迫人的心脏，而多余的金钱也会拖累人的心灵，增加生命的负担。因为人们对财富的欲望总是很难满足的，就像鼹鼠那样总是不停地追逐着、占有着，这是很多人的共性。他们没有想到追逐这些，身心要为此付出怎样的代价。就拿财富地位来说，生不带来死不带去，让这些已经得到的或者得不到的来烦扰自己的生活，就不是明智的表现。

曾威震欧亚非三大陆的罗马凯撒大帝，在临终告诉侍者："请把我的双手放在棺材外面，让世人看看，伟大如我凯撒者，死后也是两手空空。"人两手空空来到这个世界，又两手空空与这个世界告别，谁也逃脱不了这一自然规律。既然如此，我们为何不把钱财之物看得淡一点呢？

虽然我们不主张清心寡欲，可是为了思想和身体的健康也不要让欲望过度膨胀。

任何事情都是过犹不及，事物总是相反相成的。在财富方面得到了很多，在其他方面很可能会损失了很多。《道德经》曾说："金玉满堂，莫之能守；富贵而骄，自遗其咎。"其意思是说：金玉满堂，没有守得住的。富贵而骄傲，会自己招灾。既然这样，何不减去一些贪心，学会见好就收。

因此，不要在追求财富的路上贪心不足，与其有一天要在无止境地索取中饮自己酿的苦酒，不如见好就收，适可而止，也可以放松身心，享受生活的另一番滋味。这样，才是一个完美的人生。

可以把肩上的担子放一放

可能有些人会说，我们也不愿负重前行，可是，责任在肩，我们能不背负吗？

的确，身处竞争激烈的现代社会，每个成年人都肩负着一定的责任，大到为国家为社会，小到为家庭为公司为自己，两头都是沉重的负荷。虽然肩膀上的担子是无法逃避的，但是，如果始终担着重担而无法放下的话，就容易对健康产生不利的影响。如果面对任务，面对压力，心理上始终放不下的话，到头来往往是越来越累；如果面对沉重的负担，深陷其中而不能自我开脱，那么很有可能在问题没有解决之前，你就会先垮掉，因为你的心理已经没有支撑下去的力量了。

有一个男人，投身商海 20 多年，没日没夜地奔波，经过自己的艰苦努力，终于拥有了自己的房子和车子。

有一天，他感觉太累了，不由得感叹道："我们现在也算小富有余了，我想好好休整一年。"

他的太太是个很有野心的女人，听到丈夫的话训斥道："男人要有远大志向，我们离真正的富翁还差得太远。没志气，窝囊废！"

太太的话像针一般深深地扎进男人的心中，男人的尊严在那一刻受到了撞击。然而未等再展宏图，他却莫名其妙地消瘦，他不得不走进医院，检查的结果让他目瞪口呆，诊断书清晰地写着两个字：肺癌。回到家中，他整天一句话也不说，常常面对着窗外发呆。

我们工作本来是为了更好的生活，可是如果连享受的权利和时间都没有，再好的生活又有何用？因此，在面对更多的责任和重担时不妨学会放一放。

古时一次战争中，有人提议"丢盔弃甲"，这个提议让朝廷上下十分震惊。"丢盔弃甲"那不是等于去送死吗？那人却说："你看这场仗打了这么久，军队又累又躁，何不来个轻装上阵呢？"

果然，在那次战役中，士兵们一个个斗志昂扬，轻松作战，最后大获全胜。

把胆子放一放就是为了脱去盔甲，减轻自己心理的压力。当然不是永远不穿盔甲。这样做是有道理的。从主观方面来看，每个人的生命和能力都有自己的极限，超过这个极限可能就会适得其反。如果不顾自己所能承受的能力而一味地勇往直前，便是对生命的虐待和亵渎。虽然这些责任不能减去，但是我们可以减去连续奔跑的速度，把肩上的担子放一放，放下负担也是对生命的尊重和敬畏，对生活的珍视和负责。

有些人肩负家庭、社会、公司沉重的负担，可是他们却能从容不迫，保持乐观的心态。有些人比他们担负的轻得多，却整天步履匆匆、神色慌张，叫苦连天。之所以出现这样的反差，就是因为前者懂得在适当的时候减缓奔跑的速度，把肩上的担子放一放。

当然，这个"放"不是把责任弃置一边，而是从心理上放松一些。只有心理上放松一些，才能有更清醒的头脑、更清晰的思路，且更富有行动力，负起自己应该承担的责任。因此，为了能够将我们肩上的责任负责到底，就要学会在心理上放下这一重担。学会把肩上的担子放一放，卸掉人生的包袱，则能轻装上阵，向目标一点点迈进。

凡是一些事业成功、家庭幸福的人，并不是因为他们担负的责任少所以无比轻松，而是因为他们懂得随时把肩上的担子放一放，从心理上减去一些不必要的担忧、紧张和烦恼等。这样的话，尽管每日繁忙的工作使他们肩上的担子日趋加重，但是他们仍然能够承受得住。而且，在奋斗的过程中，他们也会懂得苦中作乐。如果看到困难被征服，更会感到无比的欣慰和欣喜，这样，身心也会感到很轻松了。结果，压力变动力，自己也得到了锻炼，担负的责任激励着自己在事业上更上一层楼。

这也是乐天派"减法"的真谛。乐天派强调的"减法"不是贪图享受而减去自己应该担负的责任，而是为了担负更重的责任减去一些不必要的心理负担，在精神上寻求超脱。

减轻精神负担可以用以下几种办法：当你心里不堪重负的时候，不妨长吸一口气，然后慢慢地吐出来，连续做几遍，精神就会感觉好多了。此外，在感觉烦了、累了的时候，不妨干脆放下手中的一切，盖上被子埋头睡一觉，醒来以后随着身体状态的恢复，精神也会变得饱满，心情也会变得舒畅。另外，还有看喜剧电影、读幽默读物、听相声小品，甚至看动画片等，让自己能开心地笑一笑，都是帮助你忘掉精神负担的好方法。

减轻心理和精神上的重担，我们才能轻松前行，健步如飞。

"面子"也可以减去几分

在做人方面人们最看重的就是脸面，最舍不得的也是这个脸面。因为脸面关系到自己的身份地位，舍弃会让人看不起。在这种情况下，有些人便视脸面大如天了。他们无论何时何地，总要表现出自己高人一等。如果让他们脸面受损，自然不可饶恕。这就是太要面子产生虚荣心的表视。凡是虚荣心强的人总是活在自欺欺人的幻境中，这样的人即便富可敌国也无法找到满足的感觉，结果只能给自己带来痛苦。

一位贵妇人在乘坐飞机时看到身边居然是位看起来很穷的人，马上把空服员找来，大声地抱怨："我付了钱是来享受这一趟舒适的飞行，你们却在我旁边安排这种人！我可受不了坐在这种地方，给我换个位子！"周围的人对她这种做法很反感，但是也没有人说什么。

"很抱歉，女士。"空服员回答，"今天的班机客满，但是为了您的需求，我可以去帮您查查看还有没有空位。"贵妇人听后感到很有面子。

几分钟后，空服员带着好消息回来告诉她："这位女士，很抱歉，经济舱已经客满了，我也向机长报告了这个特殊的情况，目前只剩头等舱还有一个空位……。"

贵妇人得意地看着四周的乘客，起身准备移往头等舱。

可此时，空服员微笑地对着那名穷人说："虽然这种情况是我们从未遇见的，但机长认为要一名乘客和一个让他厌恶的人同坐，真是太不合情理了。先生，如果您不介意的话，我们已经为您准备好了头等舱的位置，请您移驾过去。"

此时，周围的乘客立刻热烈地鼓掌，贵妇人羞愧地低下了头。

像这位贵妇人就是名利心、虚荣心太重，把自己看得格外高人一等，和周围人的人际关系不和谐，如何谈得上乐天？

人的一生如簇簇繁花，既有火红耀眼之时，也有暗淡萧条之日。

人生不可能总是风光，如果在风光时，故意显摆惹人厌，那样也无法承受失意的打击。因此，不论是普通人还是富有的人，只有把所谓的面子抛在脑后，才不会被荣或辱左右。保持一颗平常心才能顺其自然，淡泊生活。

虽然大多数人都很难做到这一点，可是现实生活中就有这样的人。

若干年前，北京大学的大一新生入校报到。一名新生因为行李太多行动不便，正巧身边走过一位老大爷，他便请老大爷替他看管行李，自己好去办理各项手续。

由于对大学尚很生疏，手续又多，两个小时后，这名大学生才回来，一路上他还担心老大爷会等不及先走了，等他看到老大爷仍然坐在原地为他看行李，令他十分感动。

之后几天的迎新会上，这名大学生在主席台上又见到了老大爷——他居然是久负盛名的国学大师季羡林老先生！

这位满腹才华又权威、地位集于一身的老人却能放弃这些炫目的光环，情愿低调地做人，这怎能不赢得人们的尊敬。

舍弃面子就是舍弃自己过重的名利心。学会以淡泊之心看待权力地位，就能悟到生命的本质，从而获得心灵的自由，精神的解放。在赢得别人好感的同时，自己的心情也会十分轻松愉悦。

学会为自己的心灵"减肥"

减去多余的负担是为了换得心灵的平静。因为太多的欲望都是从心中滋长出来的,如果不加修剪,任其疯长,我们的心灵就会不堪重负,再强大的人有一天也会轰然倒下。因此,在眼下流行减肥的时代,我们也有必要为自己的心灵"减肥"。

为心灵"减肥"就是要减去心中过多的欲望。

一座比较冷清的农院里迎来了自己的新主人。这位新主人发现周围的山坡上到处长着灌木,因为无人打理恣意生长,杂乱无章。于是,他每天都带着一把园林工用的剪子,不时去修剪那一棵棵灌木。

半年过去了,那些灌木被修剪成一个个半球形状。一天,农院来了一个客人。客人路过此地,汽车抛锚了,于是想进来休息。他来到这个陌生的环境,感到心情放松,对农院主人说出了自己的烦恼。原来客人是当地颇负盛名的娱乐大亨,近来他遇到了生意上的烦恼。虽然他已经从原来的不名一文混得风生水起,坐稳了娱乐业的交椅,可是,他不满足于此,他想向餐饮界进军,又想开发房地产,还想建立连锁经营的娱乐业模式。他不知道自己的决定是否正确,股东们也是众说纷纭,争论不休。这令他举旗难定。

农院主人听完客人的诉说后回屋拿来一把剪子,对他说:"客人,请随我来!"农院主人把客人带到外面的山坡,把剪子交给客人说道:"您只要能经常像我这样反复修剪一棵树,相信就能找到答案。"

客人疑惑地接过剪子,走向一丛灌木。一壶茶的工夫过去了,农院主人问他感觉如何。客人笑笑:"身体倒是舒展轻松了许多,可是那些纠缠不清的事情似乎并没有理出头绪。"

农院主人颔首说道:"刚开始是这样的。经常修剪就好了。"

十天后,客人来了;一个月后,客人又来了。农院主人问他,现在是否找到了答案。大亨面带愧色地回答说:"每次修剪的时候我都气定神闲,可是,回到我的生活圈子之后,那些事情依然冒出来纠缠我。"

农院主人微笑着说:"我们的欲望,别指望完全消除。我们能做的,就是尽力把它修剪得更美观。经常修剪,就能成为一道悦目的风景。"客人听后,沉思良久,对农院主人说:"我明白了。"

客人回去后把他想投资的项目都清理"修剪"了一番:已经颇具规模、比较"赏心悦目"的就留下了;一些疯长的、不符合公司发展方向的、也不一定能见到效益的、没有什么使用价值的,他仔细思考后就毫不犹豫地"砍掉"了。

"砍掉"这些后,他发现自己心中轻松了许多。

虽然普通人不可能遇到像大亨这样的烦恼,可是,每个人的内心都有着各种各样的欲望,如果任其疯长,就会欲壑难填,盲目攀比,心里就会始终感到压抑紧张,精神追求也会逐渐偏离正轨。对于普通人来说,也不能总让欲望牵引着义无反顾地从一个山头爬向另一个山头。到了一定年龄,则要开始做减法,不是吗?曾经,我们倚仗着年轻气盛,四面出击,马不停蹄地追逐。结果为了追求欲望、实现欲望,抛弃了快乐的时间,甚至连路边的风景都顾不上欣赏。结果,我们得到了什么呢?在我们来不及享受时,却没有享受的能力了。因此,要学会时刻"打理修剪",要懂得"修剪"内心的欲望,减去心灵的负担,合理安排人生的进退取舍。

别怕失去,生活随时可以重来

有些人认为舍去就是失去,因此对一切事物总是恋恋不舍,心理上也就无法承受失去的打击。

其实,生活随时可以重新开始,因此,没必要生活在失去的痛苦阴影之中,面对失去,可以潇洒地一挥手。

贝多芬从小就展现出了不凡的音乐天赋,他4岁学艺,8岁登台,13岁时,到维也纳拜莫扎特和海顿为师,在30岁的时候,他已经创作了几首钢琴协奏曲、6首弦乐四重奏和他的第一部交响曲。当时的音乐界认为年轻的贝多芬是继莫扎特之后最重要的音乐家。

对贝多芬来说,他的未来本应一片光明。然而,命运却在这时和他开起了玩笑,才刚刚30岁的贝多芬时常听到自己耳朵里有嗡嗡声响起。此后的几年,他的听力一直在下降,这对于一个音乐家来说是一场毁灭性的打击。当时几乎所有人都认为贝多芬的音乐生涯就此终结了。

但贝多芬认为自己虽然失去了听觉,但并不代表听觉带走了他的音乐才华,他还能在脑海中构想出音乐的美妙。失去听觉并不意味着他音乐生涯的结束,而是他音乐生涯的重新开始。

在此后的岁月中,贝多芬始终坚持自己的音乐创作,在听力逐年恶化的情况下他已经坦然地放弃依靠听力来创作音乐,他常常坐在钢琴前,在脑海中想象自己的音乐听起来应该是什么样子,依靠自己的内心感觉来谱写乐章。《大赋格曲 Op.133》就是贝多芬在他几乎完全失聪时创作的,这首音乐完全由他想象的音符组成。依靠着自身强大的意志力，他在自己已经丧失听力的情况下成了维也纳古典乐派代表人物之一。

生活中，我们要有赢的决心，却也要有输的豁达。从客观方面来看，任何事物的发展不是以自己的意志为转移的。人生有很多的风景，但并不是每一处你都能够撷取。有时候，想得到未必就能得到。既然"希望越大，失望越大"，不如学会放弃，放弃就是"舍得"。放弃的时候，我们或许能获得更多。蝌蚪正是因为舍弃了自己的尾巴才长成自由跳跃的青蛙；幼蝉正是因为舍弃了色彩迷人的躯壳，才最终爬上树梢，唱出动听的蝉歌。因此，放弃是一种明智，是一份超脱。放弃会让我们生活得更加从容。学会放弃才能恢复心灵的平静。因为只要你热爱生活，生活随时都可以重新开始，而且新的生活会比原来的生活更加气象万新。

05
第五章

淡泊心性，拥抱生活

你是否常常会觉得做人辛苦、处世艰难？其实，这些辛苦与艰难，大多是来自于你个人。人本是人，根本就不必刻意去做人；世本是世，也无须精心去处世——这是自在人生提倡的宗旨。人之一生，最重要的是淡泊名利，享受生活，才能得到真正的自在与快乐。

放慢脚步，看看身边的美景

在墨西哥，有学者要到高山顶上印加人的城市去，他们雇了一群印加挑夫运送行李。在途中，这群挑夫突然坐下来不走了，学者火急火燎地催促他们也没有效果，并且他们一坐就是几个小时。后来，他们的首领才说出挑夫不走的理由，原来是他们觉得人要是走得太快了，就会把灵魂丢在后面，他们走了一段时间，现在需要等等灵魂。首领说："每当我们急行了三天，就一定要停下来等等灵魂。"

人走得太快，要是不停下来等一等的话，就会丢失灵魂！这话真是听了醍醐灌顶。我们为了更好地生活，为了更大限度地实现自身价值，努力地奔跑，顽强地拼搏。人生很短暂啊，要抓紧时间莫虚度啊……结果，我们一个个都成了与时间赛跑、与命运决斗的机器。

什么时候才是尽头呢？事业有成？升官发财？……如果不知道停歇的话，永远没有尽头。《菜根谭》里有这样一句话："忧勤是美德，太苦则无以适性怡情。"这句话其实和挑夫所谓的"灵魂丢失"有异曲同工之妙。这句话的大意是说，尽心尽力去做是一种很好的美德，但是过于辛苦地投入，就会让自己失去愉快的心情和爽朗的精神。灵魂也好，愉快的心情和爽朗的精神也罢，都是人的幸福之本。没有灵魂，人不过是行尸走肉而已；没有愉快的心情和爽朗的精神，还有什么人生的乐趣呢？年轻时，是人生最应该努力奋斗的时候，努力奋斗是一项优秀的品质，但努力也应该讲个时机，有个限度。不少年轻人都难免有为别人而活的感慨：为公司、为社会、为家人、为朋友，甚至为邻居——有些是你的义务，有些是你的责任，正值当年的你在很多事情中忙得团团转，很难腾出时间与精力去做自己真正想做的事。感觉每个人都想侵占一点你的时间，只有你自己一点时间也没有。

　　唯一的解决之道就是与自己定个约定，就像你与恋人或好友订下约会一样，除非有意外事故，否则你要谨守约定。和自己约定的方法其实很简单：在日历上画出几个不让任何人打扰的空白日子，一周一次或一个月一次都可以，而且时间长短不限，就算只是几个小时也可以，重点在于你为自己留下一点空白，这段空白的时光对你的心灵有平衡与滋养的作用。另外，当别人要跟你约定时间时，绝对不能将这段时光牺牲了。你要特别珍惜这样的时光，甚至将它看得比任何时光都重要。别担心，你绝不会因此而变成一个自私的人，相反，当你再度感到生命是属于自己的时候，你会感到无尽的欢乐，也能更轻易地满足别人的需要。

告别浮躁，平常即为不凡

有这样一个故事：一个国王独自到花园里散步，使他万分诧异的是，花园里所有的花草树木都枯萎了，园中一片荒凉。后来国王了解到，橡树由于没有松树那么高大挺拔，因此轻生厌世死了；松树又因自己不能像葡萄那样结许多果子，伤心死了；葡萄哀叹自己终日匍匐在架上，不能直立，不能像桃树那样开出美丽可爱的花朵，于是忧愁而死；牵牛花也病倒了，因为它叹息自己没有紫丁香那样芬芳；其余的植物也都垂头丧气、没精打采，只有那细小的草在茂盛地生长。

国王问道："小小的草啊，别的植物全都枯萎了，为什么你这小草却这么勇敢乐观，毫不沮丧呢？"

小草回答说："国王啊，我一点也不灰心失望，因为我知道，如果国王您想要一棵橡树，或者一棵松树、一丛葡萄、一棵桃树、一株牵牛花、一朵紫丁香什么的，您就会叫园丁把它们种上，而我知道您希望于我的就是要我安心做一棵小小的草。"

也许有人会认为，甘心做一棵"无人知道的小草"的想法过于消极。可世界是由丰富多彩的万千物种组成，每个都有属于自己的角色，重要的不在于我们做什么，而在于我们能否成为一个最好的自己、接受我们自己并深深地喜欢自己。

近年来，"平常心"这个词经常出现在人们的口中或笔下，每当人们面对得失成败、贫富穷困或生老病死时，往往会说："要有一颗平常心……"

什么是"平常心"？其实，所谓平常心，不过是我们日常生活中经常会出现的对周围所发生的事情的一种心态。平常心不过是一种平凡、自然的心态。

平常心说起来容易，但要真正做到却并不是那么简单的。

有个故事讲的是一个人射箭，当他拉弓去射挂在树上的瓦片时，一次次都射中了；等到拉弓去射挂在树上的金片时，却无论如何也射不中。人还是那个人，弓还是那把弓，为何前后结果如此悬殊？原来，那瓦片太平常，射箭人的心也就平常了，眼不花手不抖，自然百发百中；碰到了价值不菲的金片，心里就不平常了，眼神手臂都受影响而没有之前那么稳了。

人应该学学花木，开得自然，谢得也自然，即使自己是国色天香的牡丹，落也该爽然落去，不要希冀自己永远不凋谢！平平常常的一个道理，就在于百花都会有开有落。人也一样，总有得意与失意之时，得意时莫骄傲自大，失意时莫悲观低落，无论何时，都应持着一份平常心。

有平常心在，你便少了几分浮躁，多了一些宁静，就会把自己和别人平等起来，会像看一本通俗读物一样把别人读懂，同时也读懂了自己。有平常心在，你便能坦然接受人生的起起落落及世事无常的变化，从而踏踏实实地去走好每一步，认认真真地去过好每一天。

脚踏实地，摆脱忧虑

世界上有成千上万的人因为忧虑而毁了自己的生活，因为他们拒绝接受已经出现的最坏情况，不肯由此以求改进，不愿意在灾难中尽可能地为自己救出点东西来。

心理忧虑是很多人无法摆脱的一种苦痛，其原因：一是竞争压力太大，二是没有良好的心理处方。成大事者处理忧虑的办法倒也很简单："接受我所不能改变的，改变我所不能接受的。"

有一个笑话，说的是一个酒鬼疑心他在一次醉酒中把一个酒瓶子吞了下去，为此他整天忧虑不已，最后到医院要求开刀取出酒瓶。医生拿他没办法，只好给他开刀，然后拿出一只预先准备好的酒瓶骗他，不料他却说他吞下的酒瓶不是这个牌子的，医生只好再开刀骗他一次。

这种无根据的杞人忧天往往不攻自破，生活中一些糟糕的情况如果让你忧虑不已，这里倒有一个能有效消除忧虑的简单办法，这个办法是威利·卡瑞尔发明的。卡瑞尔是一个很聪明的工程师，他开创了空调制造业，现在是瑞西卡瑞尔公司的负责人。而解决忧虑的最好办法，竟然是卡瑞尔先生在纽约的工程师俱乐部吃中饭的时候想到的。

"年轻的时候，"卡瑞尔先生说，"我在纽约州水牛城的水牛钢铁公司做事。我必须到密苏里州水晶城的匹兹堡玻璃公司——一座花费好几百万美金建造的工厂，去安装一架瓦斯清洁器，目的是清除瓦斯里的杂质，使瓦斯燃烧时不至于伤到引擎。这是一种清洁瓦斯的新方法，以前只试过一次——而且当时的情况很不相同。我到密苏里州水晶城工作的时候，很多事先没有想到的困难都发生了。经过一番调整之后，机器可以使用了，可是效果却不能达到我们所保证的程度。我对自己的失败非常吃惊，觉得好像是有人在我头上重重地打了一拳。我的整个肚子都开始痛起来。有好一阵子，我担忧得简直没有办法睡觉。最后，我的常识告诉我，忧虑并不能够解决问题，于是我想出一个不需要忧虑就可以解决问题的办法，结果非常有效。我这个反忧虑的办法已经使用了30多年。这个办法非常简单，任何人都可以使用。其中共有三个步骤：第一步，先不用害怕，但要认真地分析整个情况，然后找出万一失败可能发生的最坏情况是什么。没有人会因此把我关起来或者把我枪毙。第二步，找到可能发生的最坏情况之后，让自己在必要的时候能够接受它，待真的发生最坏情况时，使自己马上轻松下来，感受到几天以来所没体验过的一份平静。第三步，这以后，就平静地把自己的时间和精力，拿来试着改善心理上已经接受的那种最坏情况。"

为什么威利·卡瑞尔的万灵公式这么普通却这么实用呢？

从心理学上讲，它能够把我们从那个巨大的心理阴影中拉出来，让我们不再因为忧虑而盲目地摸索；它可以使我们的双脚稳稳地站在地面上，尽管我们也都知道自己的确站在地面上。如果我们脚下没有结实的土地，又怎么能希望把事情想通呢？

当我们接受了最坏的情况之后，我们就不会再损失什么，也就是说，一切都可以从头再来。"在面对最坏的情况之后，"威利·卡瑞尔告诉我们说，"我马上就轻松下来，感到一种好几天来没有经历过的平静。然后，我就能思考了。"

很有道理，对不对？

返璞归真，保持童心

时间在我们渴望长大的过程中似乎过得很慢，而在我们成年后的回首中又过得太快。假如有人问人生何时最快乐，恐怕绝大多数人都会说是童年。记忆深处的童年里，捉迷藏、放风筝、踢毽子、扔沙包、跳橡皮筋、过家家、堆沙堡……五彩斑斓，绚烂夺目，充满了欢笑和阳光，就像郑智化在《水手》中唱的那样：长大以后，为了理想而努力。我们的心中逐渐有了理想，有了诱惑，开始忙忙碌碌，心事也多了起来。相比大人来说，儿童可以说是最懂得享受人生的专家了。

有一天，年轻的妈妈问9岁的女儿："孩子，你快乐吗？"

"我很快乐，妈妈。"女儿回答。

"我看你天天都很快乐"

"对，我经常都是快乐的。"

"是什么使你感觉那么好呢？"妈妈追问。

"我也不知道为什么，我只觉得很高兴、很快乐。"

"一定是有什么事物才使你高兴的吧？"妈妈继续追问。

"让我想想……"女儿想了一会儿，说，"我的伙伴们使我幸福，我喜欢他们。学校使我幸福，我喜欢上学，我喜欢我的老师。还有，我喜欢去公园。我爱爷爷奶奶，我也爱爸爸妈妈，因为爸爸妈妈在我生病时关心我，爸爸妈妈是爱我的，而且对我很亲切。"

这便是一个9岁的小女孩幸福的原因。在她的回答中，一切都已齐备了——和她玩耍的朋友（这是她的伙伴）、学校（这是她读书的地方)、爷爷奶奶和父母(这是她以爱为中心的家庭生活圈)。这是具有极单纯形态的幸福,而人们所谓的生活幸福不也是与这些因素息息相关。

有人曾问一群儿童:"最幸福的是什么?"结果男孩子们的回答包括:自由飞翔的大雁;清澈的湖水;因船身前行,而分拨开来的水流;跑得飞快的列车;吊起重物的工程起重机;小狗的眼睛……而女孩子们的回答则是:倒映在河上的街灯;从树叶间隙能够看得到红色的屋顶;烟囱中冉冉升起的烟;红色的天鹅绒;从云间透出光亮的月亮……

看,童心是如此纯净、如此容易得到满足!我们也曾经那样的快乐与幸福,只是被岁月磨砺,使我们失去了天真烂漫的本性,失去了那份纯真无邪的童心,或许这就是我们消极失落、不快乐的重要原因。

我们还能够找回失去的童心吗?能的!找回童心,也不是多么复杂的事情。古人云"童子者,人之初也;童心者,心之初也。夫心之初岂可失也!"我们若能鄙尘弃俗,息虑忘机,回归本心,便是找回了童真、童趣与童心。这样,我们就会使我们内心与外在均无求而自足!

多一点童心,就会多一点单纯;多一点幻想,就会多一点浪漫;多一点潇洒,就会多一点做你自己……

大道至简,丢弃生活的包袱

你是否经常有"很累"的感觉?你是否想过究竟是什么让我们如此劳累与疲惫?

如果仅仅只是劳累与疲惫还不算最糟糕,最糟糕的是:我们甚至还对今后的日子产生恐惧甚至绝望,觉得只有永远像一个战士般冲杀,才不会落在人后。欲望的都市里到处都充斥着痛苦的灵魂,在许多昏暗的酒吧里唱着空虚寂寞,喝得要死要活;有人在放纵,有人在毁灭。生活越来越繁复,而心情越来越烦闷;人与人走得越来越近,而心灵却隔得越来越远;楼越来越高,人情味越来越薄;娱乐越来越多,快乐却越来越少……

在生活变得越来越复杂,超出你的想象和理解的时候,你是否怀念过从前不名一文但依然快乐的时光?没有电视机也没有其他的便利,穿的衣服也好,家具也好,都是家人按照最古老、最朴素的方式制造,让人好安心。在一个偏远、宁静的小村庄,那里的人对于一朵鲜花的赞赏,比一件名贵的珠宝要多;一次夕阳下的散步,比参加一场盛大的晚宴更有价值。他们宁可在一棵歪脖子老树下打牌下棋,也不愿去参加一场奖金丰厚的棋牌竞技。他们重视的是简单生活中的快乐,不会远离阳光、新鲜空气与笑声……感谢简单,他们因此而拥有幸福与快乐。

那些简单生活的日子似乎一去不返了,但真的就没有其他可能了吗?

近年来,兴起一种叫"简单生活"的活动。这种在忙碌生活的人中盛行的活动，强调的是如何简化自己的生活，提倡完全抛弃物欲。在我们的欲望之上，我们会自我设限，而且这种设限并非来自外力，而是自己心甘情愿——你了解到其中的深意，并能真正地享受你现在所拥有的一切。简单生活，使自己有更多空闲的时间、金钱与能量，你可以有更多机会与自己及家人相处。

许多人都会因自己比不上邻居的生活水平，平日忙忙碌碌于单调乏味的工作，最后变得心情沮丧，而且持续着这样的恶性循环，最后生活中只有压力与被浪费的时间而已。大多数人都会陷入这种无止境的需求、渴望与物欲当中。似乎许多人都相信多就是好——更多的东西、更多的事情、更多的经验，等等。但是生命的真相真的仅仅如此吗？

在某些时候，我们会忙到没有时间享受生活，似乎一分一秒都在计算之中，都被排在计划之中。我们经常由一个活动赶到下一个活动，对手边正在做的事毫无兴趣，反而对"下一场"是什么充满期待。

除此之外，大多数人都会想要更大的房子、更好的车子、更多的衣服与更多的东西。无论我们已经拥有多少，总是感觉永远不够。我们对物欲的需求已然是个无底洞。

简单生活这个有趣的概念，并不去刻意强调限制富人的财富，而是在鼓励大多数人认清生活真相。有一些收入微薄的人，他们也主张简单生活的概念，同时认为自己所得已足够自己所需。这同样是想得开，放得下，绝对令人佩服。

有时候简化生活代表着你会选择住一间便宜的小公寓，而不是拼命挣扎着要买一间大房子。这样的决定让你的生活轻松自在，因为你有能力负担便宜的租金。另外一种简化的例子是吃得简单、穿得简单、生活得简单。总之，所有的重点都在让生活更自在、更简单。

几年前，希明将在豪华商务区的办公室搬到了另一个地方，这个简化的策略带来许多好处。首先，新办公室比原先那间要便宜很多，减少了一些财务上的压力。另外，新办公室离家很近，他不需要花时间长途跋涉才能到办公室，以前需要60分钟的车程，现在只要步行5分钟就行了。希明一年几乎要工作50周，现在这个简化的策略，使他无形中在一年省下了300多个小时。当然，以前的办公室看起来气派一些，但是真的值得他那样的付出吗？现在回头看看，还真不值得呢！他说："再给我一次机会，我还是会做同样的决定，毕竟我的客户都开车，而那里连停车位都很紧张。"

简单生活不是单一的决定，也不是自甘贫贱。你可以开一部昂贵的车子，但仍然可以使生活简化。你可以享受、拥有、渴望好东西，但仍然能过着一种简单的生活方式。关键是诚实地面对自己，看看生命中对自己真正重要的是什么？如果你想要的是多一点时间、多一点能量、多一点心灵的平静，建议你多花一点时间来想一想如何简单生活的概念。

当人在物质上的要求减少时，精神上的收获会增加。爱默生曾说："快乐本身并非依财富而来，而是在于情绪的表现。"当我们腾出心灵的空间，从各个角度去体验人生，当我们开始了解到自以为必需的东西其实很多是可以不要的时候，就可以发现：我们现在拥有的东西已足够让人快乐了。

学习庄子的生活哲学

逍遥，指的是没有什么约束、自由自在——当然，法律与道德的约束还是需要的。也就是说，逍遥是一种基于心灵大自在之上的行为大潇洒。逍遥表现在自然个性的呈现、精神思维的自由和言谈举止的洒脱。

史上最著名的逍遥派大概就是道家学派的代表人物庄子了。他在《庄子·齐物论》说了一个这样的故事：有一天，他梦见自己变成了蝴蝶，一只翩翩起舞的蝴蝶。自己非常快乐，悠然自得，不知道自己是庄周（庄子）。一会儿梦醒了，却成了僵卧在床的庄周。不知是人做梦变成了蝴蝶呢，还是蝴蝶做梦变成了人呢？

上面就是《庄周梦蝶》的典故。看看，庄子多么"糊涂"，一觉醒来，居然分不清楚自己到底在现实中还是梦中，也不知道自己到底是一只蝴蝶还是一个人。

人生的目的是什么？有人认为拥有至高的权位，可以享受支配他人的快感。有人认为拥有金山银山胜过所有，因为金钱可以换取很多东西。有人认为拥有好的名声最重要，即使死了也还会活在人们心中。更有人什么都可以不要，只要美人……

但是庄子飘然而来，把手中的拂尘轻轻一扬，便击碎了尘世中的所有牵绊。他说：快乐至上。他在《庄子·至乐》中说："夫富者，苦身疾作，多积财而不得尽用，其为形也亦外矣！夫贵者，夜以继日，思虑善否，其为形也亦疏矣！人之生也，与忧俱生。寿者惛惛，久忧不死，何苦也！"意思说：富有的人，劳累身形勤勉操劳，积攒了许许多多财富却不能全部享用,那样对待身体也就太不看重了。高贵的人,夜以继日地苦苦思索怎样才能保住权位和厚禄,那样对待身体也就太忽略了。人们生活于世间,忧愁也就跟着一道产生,长寿的人整日里昏聩不堪,长久地处于忧患之中而不死去,多么痛苦啊!

人是伟大的,但也是渺小的。人可以改变一些事物,但对于大自然的命运却经常无能为力。一个下雨的早晨,再多公鸡的鸣叫也唤不出太阳。与其呐喊、抱怨与诅咒老天,不如撑一把雨伞来个雨中漫步,给自己一份悠闲与浪漫。当追求幸福的人因求之不得而苦恼的时候,只要换一种心态,就能很容易体会到逍遥的快乐。当一个人与幸福失之交臂的时候,也许恰好具备了逍遥的条件。得到和失去一样能够快乐,这就是生活的公平、公正和微妙。

人本是人,不必刻意做人;世本是世,不必精心处世。这就是返璞归真之人生大自在的箴言。

06

第六章

懂得释然，人生难得糊涂

清朝名士郑板桥曾说："聪明难，糊涂亦难，由聪明而转入糊涂更难。放一着，退一步，当下安心，非图后来福报也。"意思就是说，聪明绝顶的人并不是假装糊涂，而是懂得将自己的聪明才智隐藏起来，避免锋芒毕露，转而进入糊涂。

生活四大"糊涂"法则

对一个人来说，最大的幸福绝对不是荣华富贵，而是平安无事、不招惹任何祸端。祸端的来源，有些是具有不可抗力的，人们无法预知亦无法规避。不过这种类型的祸端毕竟不多，人生中的祸端绝大部分是来源于自身。

俗话说：少事是福，多心为祸。很多是非，就是因为一个人多心、多事而引起的。朋友的妻子小敏最近和婆婆闹翻了，起因是为了50块钱。小敏放在桌子上的50块钱不见了，她问丈夫拿了没有。丈夫说没有。然后大家就一起找，还是没有找到。从农村专程赶来帮助小夫妻带孩子的婆婆这下慌神了，婆婆本来就没有拿，但她怕儿媳怀疑自己拿了。婆婆越是怕被怀疑，心里越是发慌。越发慌，就越觉得儿媳在怀疑自己。婆婆心理压力大，就趁没人的时候给老伴儿打电话诉苦。老伴儿听了哪还得了？立即打电话给儿子，将儿子一顿训斥："你妈妈年龄那么大，大老远地跑来帮你们带小孩，容易吗？请个保姆还要付工资，她不要工资还尽心尽责地帮你们，你们还怀疑她拿你们的50块钱？你不知道你妈妈是什么样的吗？"一大通话砸得儿子晕头转向。儿子回家，自然要跟妻子说道说道。妻子也自然不服啊："我没有怀疑啊。""没有怀疑？"婆婆不干了，"你某天说了什么话、某天做了什么事，就是对我不满……"余下的就不用再多讲了，惯常的家庭矛盾就是这样拉开帷幕的。

后来，婆婆一生气回了老家，离开了疼爱有加的小孙子。儿子儿媳没办法，只得雇保姆来照看孩子，最后伤了感情，两败俱伤。其实，很多家庭的矛盾就是因为这样一些琐碎的事情引起的，公说公有理，婆说婆有理。但我们的确分辨不出来究竟谁有理。像这个例子中，似乎谁也没错。要说错的话，他们又都有错。儿媳错在钱不见了，可以装糊涂——不就50块钱吗？或许是自己记错了，或者掉在角落一时没找到。即使要追究，也应该考虑到婆婆的担忧，避开婆婆，单独问自己的丈夫。所以，儿媳错在多事。而婆婆错在多心，本来就没有拿，也没有人怀疑自己，何必老觉得不自在呢？不如糊涂一点，顺其自然。此外，儿子和公公的一些做法，都有值得商榷的余地，在此就不再一一分析。

人与人的交往免不了会产生矛盾。有了矛盾，平心静气地坐下来交换意见予以解决，固然是上策。但有时事情并非那么简单，因此倒不如糊涂一点为好。有时，糊涂可给人们带来许多好处：

一则，可以减去生活中不必要的烦恼。在我们身边，无论同事、邻居，甚至萍水相逢的人，都不免会产生些摩擦，引起些气愤，如若斤斤计较，患得患失，往往越想越气，这样于事无补，于身体也无益。如做到遇事糊涂些，自然烦恼就少得多。我们活在世上只有短短的几十年，却为那些很快就会被人们遗忘了的小事烦恼，实在是不值得。

二则，糊涂可以使我们集中精力于事业。一个人的精力是有限的，如果一味在个人待遇、名利、地位上兜圈，或把精力白白地花在钩心斗角、玩弄权术上，就不利于工作、学习和事业的发展。世上有所建树者，都有糊涂功。清代"扬州八怪"之一郑板桥自命糊涂，并以"难得糊涂"自勉，其诗画造诣在他的"糊涂"当中达到一个极高的水平。

三则，糊涂有利于消除隔阂，以图长远。《庄子》中有句话说得好："人生天地之间，若白驹之过隙，忽然而已。"人生苦短，又何必为区区小事而耿耿于怀呢？即使是大事，别人有愧于你之处，糊涂些，说不定反而能感动人，从而改变人。

水至清则无鱼，人至察则无友

许多人总爱认这样一个死理，即：为人必须是非分明，爱憎分明，千万不能和稀泥！

是的，混淆是非，牺牲原则，当然是不对的。只可惜在日常普通人的生活和工作当中，算得上原则问题的事情恐怕实在不多，大量的都是非原则性的一般事件。

"水至清则无鱼，人至察则无友"。一个人太较真儿了，就会对什么都看不惯，连一个朋友都容不下，把自己同社会隔绝开。镜子很平，但在高倍放大镜下，就好似凹凸不平的山峦；肉眼看很干净的东西，拿到显微镜下，满目都是细菌。试想，如果我们戴着放大镜、显微镜生活，恐怕连饭都不敢吃了。再用放大镜去看别人的毛病，恐怕没有谁是完美的人。

人非圣贤，孰能无过。与人相处就要互相谅解，经常以"难得糊涂"自勉。求大同，存小异；有度量，能容人，这样就会有许多朋友，且左右逢源，诸事遂愿。相反，"明察秋毫"，眼里不揉半粒沙子，过分挑剔，什么鸡毛蒜皮的小事都要论个是非曲直，容不得他人，人家就会躲你远远的，最后，你只能关起门来称孤道寡，成为使人唯恐避之不及的异己之徒。古今中外，凡是能成大事的人都具有一种优秀的品质，那就是能容人所不能容，忍人所不能忍，善于求大同，存小异，团结大多数人。他们极有胸怀，豁达而不拘小节，大处着眼而不会目光如豆，从不斤斤计较，纠缠于非原则的琐事。

不过，要真正做到不较真儿，也不是一件简单的事，需要有良好的修养，要有善解人意的思维方法，从对方的角度考虑和处理问题，多一些体谅和理解。比如，有些人一旦做了领导，便容不得下属出半点毛病，动辄横眉立目，下属畏之如虎，时间久了，必积怨成仇。这样不仅事情无法顺利解决，还空耗精力，又是何必呢？想一想天下的事并不是你一人所能包揽的，何必因一点点毛病便与人怄气呢？若调换一下位置，设身处地为对方着想，也许一切都会迎刃而解。

在公共场所遇到不顺心的事，也不值得生气。素不相识的人冒犯你肯定事出有因，只要不是侮辱人格，我们就应宽大为怀，不必在意，或以柔克刚，晓之以理。总之，跟萍水相逢的陌路人较真儿，实在不算是什么聪明人做的事。

清官难断家务事，在家里更不要去较真儿，否则你就愚不可及。家人之间哪有什么原则立场的大是大非问题，都是一家人，非要用"你死我活"的眼光看问题，分出个对和错来，那又有什么用呢？人们在社会上充当着各种各样的角色，但一回到家里脱去西装革履，也就是脱掉你所扮演角色的"行头"，即社会对这一角色的规矩和种种要求、束缚，还原了自己的本来面目，使自己尽可能地享受家里带来的放松。假如你在家里还跟在外面一样认真、一样循规蹈矩，每说一句话、做一件事还要考虑出个对错，还要顾虑影响和后果，掂量再三，那不仅可笑，也太累了。所以，处理家庭琐事要采取"糊涂"政策，一动不如一静，大事化小，小事化了，当个笑口常开的"糊涂"人。

处处精明不如难得糊涂

在日常交往中，有一类非常"精明"的人，他们处处要显得比别人更加神机妙算，更加投机取巧。他们总在算计着别人，以为别人都比他们傻，从而可以从中占点便宜。好像他们这样做就会过得比别人好。这种人因为功利心太重，把功利当作人际关系的首要，所以他们的生活过得很累，很紧张，很缺乏乐趣。

由于常想着算计别人，占别人的便宜，肯定也会产生相应的防范心理，即认为别人也可能在算计他，要侵占他的利益，所以，他处处提防，时时警惕，小心翼翼地过日子。别人很随意说的一句话，干的一件事，也许什么目的也没有，但过于"精明"者就会在心里受到刺激，晚上回家躺在床上也要细细琢磨，生怕别人有什么谋划会使他吃亏。

这样，就会让人感觉他在处理人际关系上显得不诚实，不大方，甚至很造作。我们碰到过的许多生活中的"精明"者，性情都不开朗，心里都相当虚假，神经都相当过敏，这恐怕和他们常常过那种紧张日子有直接的关系。

其实，真正聪明的人都知道，做人不能精明过头，这通常是指我们在日常生活中如何处理人际关系。生活毕竟不会如战场那样明争暗斗，杀机四伏，总需要些温情和睦，无功无利的关系，因此也就没有必要过于斤斤计较、精打细算，反倒是随遇而安的好。

的确，过日子有时需要精打细算，才能把日子安排得既合理，又过得舒服。同样的收入，糊涂人过得就和过分聪明的人不一样。因为，过于聪明，处处显得聪明，甚至在与人交往时也玩这一套，就显得失当了。这样的人，很难和人搞好关系，很难讨人喜欢。所以，即使他在物质上比人暂时多享受点，但在精神上付出的代价则更大，要是真聪明，就得算算这笔账。

此外，精明人因为精明，对身边有利害关系的人总是有一种潜在的威胁。人们时时提防他，处处打压他。明代政治家吕坤以他丰富的阅历和对历史人生的深刻洞察，在《呻吟语》中有一段十分精辟的话："精明也要十分，只须藏在浑厚里作用。古人得祸，精明人十居其九，未有浑厚而得祸者。"《红楼梦》中的王熙凤，不可谓不精明，结果是"机关算尽反误了卿卿性命"！

如果想要把日子过得舒服一些，靠算计别人是徒劳的。我们日子过得轻松愉快，很大程度上要靠真诚、信赖、友好，碰到难处互相帮助，有了好处大家分享。这就要求我们每一个人在个人利益上都不必太"聪明"，不必担心自己会失掉些什么。相反，大家相互谦让，相互奉献，相互让利，关系融洽和睦比什么都容易让生活过得更好。不太聪明的人容易和大家成为朋友，就因为大家可以与他正常相处，这之间少有功利，多有温情，不必处处抱有戒心，有安全感。太精明的人，总让人觉得不可靠。人们需要周围的人聪明、机智，但不要过分精明。

我们可以不要过分精明，但应有智慧。在生活中，许多人并非真的糊里糊涂地过日子，而是不想为过于精明所累，是因为有大智慧。一个真正聪明的人不会患得患失，也不会囿于世俗中的鸡毛蒜皮之事而无法自拔，这样自然会心胸开阔，为人豁达，日子也会过得有意思、有价值。

健忘其实也是一种幸福

世界上最恐怖的莫过于这样一种人，只要他一打开话匣子，就唠唠叨叨没完，张家长李家短，多少年前的陈芝麻烂谷子，从他嘴里说出就像本账簿，记得一笔不漏。有时我挺纳闷儿的，人的大脑到底有多大的空间？能贮藏多少记忆？七八十岁的老人，孩童时的事情仍记忆犹新。电脑还得点击检索，人脑记的事则张嘴就来，仿佛几十年前的事情就含在嘴里，随时可以准确无误地倾吐。其实也不尽然，同是一个人，有些事情又转瞬即忘，甚至几天前说的话，做的事，竟然忘得一干二净。那么，我们记住了什么？忘记了什么？

我们以人世间最普遍存在的恩仇来说吧，有人记恩不记仇，也有人记仇不记恩。一个人，只要看看他一生中记住些什么，忘记些什么，就能大体上观察出他的心胸、气度和人品。记恩不记仇的人，一般都豁达大度，为人磊落，感恩而不计前嫌；记仇不记恩的人，一般都胸怀狭隘，心境阴暗。

健忘是一种糊涂，但健忘的人生未尝不是一种幸福。因为人生并不总像自己所期望的那么充满诗情画意，那么快乐自在。人生中有许多苦痛和悲哀，还有令人厌恶和心碎的东西，如果把这些东西都储存在记忆之中的话，人生必定越来越沉重，越来越悲观。实际上的情景也正是这样。当一个人回忆往事的时候就会发现，在人的一生中，美好快乐的体验往往只是瞬间，只占据很小的一部分，而大部分时间则伴随着失望、忧郁和不满足。

人生既然如此，那么健忘一点、糊涂一些又有什么不好呢？若如此，便能够使我们忘掉幽怨，忘掉伤心事，减轻我们的心理重负，净化我们的思想意识；可以把我们从记忆的苦海中解脱出来，忘记我们的罪孽和悔恨，利利索索地做人和享受生活。

过去了的，就让它过去吧。记忆就像一本独特的书，内容越翻越多，而且描述越来越清晰，越读就会越沉迷。有很多人为记忆而活着，他们执着于过去，不肯放下。还有一些人却生性健忘，过去的失去与悲伤对他们来说都是过眼云烟，他们不计较过去，不眷恋历史，不归还旧账，活在当下，展望未来。

当然，人不能将全部过去都忘记，别人对你的好，你还是要记得。我们该忘记的，主要还是过去的仇恨这类不必要的负担。一个人如果在头脑中种下仇恨的种子，梦里都会想着怎么报仇，他的一生可能都不会得到安宁。还要忘记现在的忧愁。多愁善感的人，他的心情长期处于压抑之中而得不到释放。愁伤心，忧伤肺，忧愁的结果必然多疾病。《红楼梦》里的林黛玉不就是如此吗？在我们生活中，忧愁并不能解决任何问题。再就是要忘记过去的悲伤。生离死别，的确让人伤心，黑发人送白发人，固然伤心；白发人送黑发人，更叫人肝肠欲断。一个人如果长时间地沉浸在悲伤之中，对于身体健康是有很大影响的。与忧愁一样，悲伤也不能解决任何问题，只是给自己、给他人徒添烦恼。存者且偷生，死者长已矣。理智的做法是应当学会忘记悲伤，尽快走出悲伤，为了他人，也为了自己。

"人生不满百，常怀千岁忧"，有何快乐可言？在生活中选择了"健忘"的人，才会活得潇洒自如。

容忍他人，富足自己

一个人如果拥有敏锐的洞察力，能准确地、全面地了解一个人，的确是一笔财富。假如能针对不同的人，采取不同的交涉方法，那么这笔财富算是用在点子上。但倘若因为洞察了他人的缺点，对他人横鼻子竖眼，那么这笔财富将是一个祸害。

每个人都有缺点，甚至有一些见不得人的阴暗角落。因为我们都是凡人，都有人性的弱点，每一个人的心里都有阴暗面。在与人交往时，我们要懂得糊涂之术。交友的糊涂之术，简单来说有以下几个要点。

其一为不责小过。不要责难别人的轻微的过错。人不可能无过，不是原则问题不妨大而化之。"攻人之恶毋太严，要思其堪受。"意思批评朋友不可太严厉，一定要考虑到对方能否承受。在现实中，有的人责备朋友的过失唯恐不全，抓住别人的缺点便当把柄，处理起来不讲方法，只图泄一时之愤。几个朋友同室而居，其中一个常常不打扫卫生，常常不打开水，另一个就常常在别人面前说那人的坏处，牢骚满腹。久而久之，传入那人的耳朵中，室内的气氛越变越坏，两个人开始冷战，使得同寝室的人都不得安宁。这就是因小失大。

其二是不揭隐私。隐私是长在一个人的心上的痛楚，你一揭就会让别人心口出血。不要随便揭发他人生活中的隐私。揭发他人的隐私，是没有修养的行为。人都有自己不愿为人所知的东西，总爱探求别人的隐私，关心别人的秘密，不仅庸俗，而且让人讨厌，这种行为本身就是对朋友人格的不尊重，也可能给别人惹来意外的灾祸。假如朋友告诉你他心之所思，你更该为其保密，他既然这么信任你，那么你一定要学会珍惜这份友情。对于朋友的秘密，三缄其口并非难事，就像朋友的东西寄放在你这儿，你不可以将它视为你的，想用就用。想一想，你自己一定也有隐私，"己所不欲，勿施于人"。

其三为不念旧恶。不要对朋友过去的错误耿耿于怀。人际的矛盾，总会因时因地而转移，时过境迁，总把思路放在过去的恩怨上，并不是什么明智之举。记仇的朋友是可怕的，他不一定会在什么时候记起你对他犯下的错误，也不知道在什么时候会报复你一下，以求得心理上的平衡。所以，与朋友交往，学会忘记在一起时的不快和口角之争，下次见面还是好朋友。还有，就是对于朋友生活、工作中的习惯，要给予尊重。如果说，在朋友做人中所出现的失误，你尚可以埋怨一二，但是，对于他的个人习惯，你再挑三拣四就不是可原谅的了。每个人都有不同的特点，不可能与你相同，尊重朋友的习惯是最起码的要求。

《菜根谭》中说："地之秽者多生物，水之清者常无鱼，故君子当存含垢纳污之量，不可持好洁独行之操。"一片堆满腐草和粪便的土地，才能长出许多茂盛的植物；一条清澈见底的小河，常常不会有鱼来繁殖。君子应该有容忍世俗的气度，以及宽恕他人的雅量，绝对不可自命清高，不与任何人来往而陷于孤独。

遗忘是最大的包容

人之一生，总会遇到许许多多的人，碰到许许多多的事，好的、坏的，而心灵像一个筛子，总要把痛苦的记忆抹去才能迎接更美的明天。

第二次世界大战期间，一支盟军部队在森林中与纳粹军队相遇，激战过后，两个盟军战士与大部队失去了联系，人们都以为他们牺牲了。

很多人知道，他们来自一个淳朴的小镇，他们是很要好的朋友。

与队伍失散后，他们在森林中艰难跋涉，互相鼓励、互相安慰。然而十多天过去了，他们却没有看到一个人影，找到部队的希望越来越渺茫。更让他们担心的是，由于战争的缘故，森林里所剩的动物寥寥无几，没有吃的，他们迟早会饿死。

好在天无绝人之路，就在他们奄奄一息之际，一头鹿闯进了他们的视线！他们把握住了机会，猎杀了那头鹿。他们想，有了鹿肉，至少眼下不会饿死了。再说，有一头，就有两头、三头，他们迟早会走出森林。可是从此以后，他们却再也没有看到过任何动物。生命再次面临威胁。

只能寄希望于上帝了！稍微年轻一点的战士背上仅剩的鹿肉，再次试图寻找一点食物。不料，他们偏偏遇上了敌人！经过一番斗智斗勇，二人巧妙地逃脱了敌人的包围。可是，就在他们自以为已经安全时，只听一声枪响，背着鹿肉走在前面的年轻战士中了一枪——还好只是打在肩膀上。后面的战友惶恐地跑上前去，抱着倒在地上的战友流泪不止。撕下自己的衬衣，勉强为战友包扎伤口。

夜深了，他们饥饿难耐，但是谁也没有动那仅剩的鹿肉。受伤的战士看着自己的肩膀，没受伤的战士则两眼直勾勾地坐着，嘴里一直念叨着母亲。对于生命，他们已经不抱任何希望了，他们都以为自己的生命即将结束。那一夜，他们终生难忘。

也许是命不该绝，第二天早上，他们居然被自己的部队发现了！事情发展到此，的确令人欣喜，但是故事远没有结束：时隔30年后，一个普通的老兵突然名声大噪，他就是那个受伤的战士——安德森。回忆当年时，安德森说："我知道是谁开的那一枪，他就是我的老乡、战友。"

这实在太惊人了！人们迫不及待地追问，期待着安德森赶紧说下去。

"他去年去世了，否则我永远都不会说。如果我死在他前面，我会让这个故事烂在肚子里。"安德森平静地说，"当年在森林里，当他抱住我的时候，他的枪筒还在发热，我顿时明白了，他想独吞我身上背的鹿肉。但是当天晚上我就宽恕了他，因为我了解到他活下来是为了照顾他的母亲。令人难过的是，他的母亲还没等到他回来就去世了。我和他一起祭奠了老人家。他跪下来，流着泪请求我原谅。我拥抱着他，不让他说下去。此后30年，我装作根本不知道此事，也从不提及。战争太残酷了，如果没有战争，就不会有这样的悲剧。其实，我早就宽恕了他，我的心中没有仇恨，异常的平静。我没有失去什么，我们又做了30年的朋友，比以前还要好。"

忘记仇恨和不公，记住给予和幸福，把仇恨的空间留给爱，让我们的心灵永远清澈透明，让生命的里程碑永远记载感动和感恩，从此学会去爱别人，学会给别人机会，因为拥有宽大的胸怀能让我们的路越走越宽。

顺其自然，才能拥有真正的成功

成功，并不会因为我们有压力、有痛苦，它就会降临在我们的身上。

如果有无压力都是一样的结果，那还不如放自己一条生路，让一切顺其自然。

什么是顺其自然呢？顺其自然，即一切顺着发展自己去延伸，其中包括了诸多含义。它是生态的原始规律，是一种和谐的美丽，是经历人生磨难之后的大彻大悟，是领略了人生峰回路转之后的轻松快意。

总而言之，顺其自然是一种坦然，一种随意的心境。这种阐释，在禅宗里尤为经典。

有个小和尚看见禅院里的草地一大片都枯黄了，特别着急，就对师父说："我们赶紧撒点草籽吧，现在草地实在是太难看了！"

师父笑着说："不急，什么时候都能撒，随时！"

中秋节时，师父便把草籽买了回来，交给小和尚。

当小和尚去播种时，突然起了秋风，很多草籽都被风吹走了。小和尚十分焦急地对师父喊："不好了，师傅，许多草籽都被吹走了。"

师父很平静地说："没关系，吹走的多半是空的，撒下去也发不了芽。有什么好担心的呢？随性！"

撒完草籽，小和尚发现有许多小鸟飞来啄食。他非常惊慌地告诉师父："草籽都会被小鸟吃了，这下没戏了！"

师父依然很平静："没关系！种子多，小鸟吃不完的。随遇！"

半夜的时候，突然下了一阵暴雨，小和尚一大早就惊慌地冲进了禅房："师父，这下可真完了，好多草籽被雨水冲走了！"

师傅说："冲到哪儿，就在哪儿发芽。随缘！"

然而一个星期过去了，一些原来没播种的角落，也泛出了绿意。原本光秃秃的地面，居然长出许多青翠的草苗。小和尚高兴得直拍手，师父点头："随喜！"

不要刻意地去强求什么，只有"无为"才能到达我们所追求的"有为"。如果你这样做了，也许会得到一番意外的收获。俗话说，有心栽花花不开，无心插柳柳成荫。很多东西，太刻意了反倒会失去，就如同手里的沙子，握得越紧，它就漏得越快。从某个角度看，烦恼的来源其实都差不多：不愿顺其自然，不愿接受冥冥之中的安排。

幸福和快乐本来就是我们生活的一部分，只是看我们是否懂得欣赏而已。许多人每天都在追逐名利以及物质享受，但是仍然得不到幸福和快乐，其实是他们身在福中不知福啊！

幸福与快乐并不是通过执着追求就可以得到的，很多结果只有顺其自然才能得到。

当你能看淡荣辱、看轻得失、看破生死、看穿成败后，你会发现，其实一切苦难都不那么艰难。就让一切顺其自然吧，你就会拥有一个好的心态，有了这样宽阔的胸襟，身体也会随之变得更好，硬硬朗朗地活到天年。

有个女歌手唱完歌后回到后台，遇见一位老先生对自己说："你有演唱的天赋，但照现在的情况继续下去，你不会成功。"

这时候女歌手十分惊讶："老先生为什么这么说呢？"

老先生说："不怕你生气，你长有龅牙，所以你在唱歌时一直想要掩饰它，嘴巴不禁要合起来，这时你在台上很不自然。其实我想告诉你，龅牙并没有什么不好，相反它可能成为你的特色。所以不要顾忌它，只管好好唱歌，你会唱出更美、更动人的歌声。"

后来，这位女歌手确实因为这位老先生的指点，在舞台上随性自然，尽显真人本色。在歌唱水平上脱胎换骨，最终成为一名非常优秀的歌手。

人生其实就像一个舞台，也许你天生就有各种各样的缺陷，或许你天生就长得丑或是长得奇怪。但是那是你的本色，又何必忧心忡忡，何必费尽心思去掩饰呢？也许你天生就是个林妹妹，又何必去宣告你是王熙凤呢？天空有天空的蓝，草地也有草地的绿。山鸡披上孔雀的羽毛，也变不成凤凰；公鸭子学着天鹅的嗓子，也成不了歌王。

无论如何，你都不必让别人的一个眼色来动摇信念，试图改变自己。世界上没有两个完全一样的人，每个人都有独一无二的天性，你要做的就是顺其自然，把自己的天性发挥到极致。

一个人活在世间就一定要顺其自然，依照不同的能力和兴趣，得到不同的成功。我们的社会，潜藏着一种刻板的错误观念，认为成功就一定要怎样怎样，幸福就必须如何如何，似乎只有达到某个标准的人才算成功幸福。

其实你用心想就会发现，许多在事业上特别成功的人，他们的生活并没有人们想象中那么快乐；在生活上过得愉悦自在的人，并不是那些日理万机的大富商。人生不是比赛，不是比谁快，不是比谁更有钱或比谁富贵，幸福和成功也不需要界定终点。你只有认清这一点，才会真正明白活着的意义。真正的成功和幸福是能接纳自己和肯定自己，让一切顺其自然。

宠辱不惊，闲庭信步，云卷云舒，看花开花落。这些境界，正是因为拥有一颗顺其自然的心。

07

第七章

学会取舍，让人生更充实

生命如舟，不能有太多的负载物。一个人的精力有限，如果想做的太多，疲于奔命，穷于应付，"小舟"就会在抵达彼岸的航途中搁浅或沉没。人生的每一步都是一道选择题，正确地选择，果断地放弃，才能够获得一个个成功与欢乐，才能够享受人生的轻松与愉悦。

豁达洒脱，人生是如此美好

在人生的历程中，我们有时会不知不觉地被带到了选择的十字路口。这时，对面临的选择，往往因为某件事取舍两难而患得患失。这一次次选择，决定了我们今天在社会上的地位和人生状况。选择对于人生有着重大意义，所以有哲学家说：人生即是选择。

有这样一个传说，有一位武士一直怀疑天堂和地狱的存在。一天，他问智者："这个世界上真的有天堂和地狱吗？"智者问他："你是做什么的？"他回答说："我是一名武士。""什么样的主人会要你做他的门客？看你的面孔犹如乞丐！"武士不知智者是在故意激怒他。于是他怒目相视，拔剑而出。这时，智者缓缓说道："地狱之门由此打开。"武士为之一震，心有所悟，遂收起宝剑，向智者深鞠一躬，以谢启示。"天堂之门由此敞开。"智者欣然道。

这个故事虽然简单，但是它告诉人们，人起心动念的善恶和一言一行的好坏，都是对未来的选择，人们一生中都在不停地选择。

人生处处是选择，人生时时要选择，人生是一系列选择的过程。但是由于人们价值观的不同，选择也会出现差别。一样的人生，异样的心态，看待事情的角度截然不同。我们要学会跳出来看自己，以乐观、豁达、体谅的心态来认识自己。当痛苦向你袭来的时候，换个角度看自己，勇敢地面对人生。

从前，有位老妇人有两个女儿。大女儿嫁给了一个卖伞的生意人，二女儿在染坊工作。这使这位母亲天天忧愁。天晴了，她担心大女儿的伞会卖不出去；天阴了，她又忧伤二女儿染坊里的衣服晾不干。她这样晴天也忧愁，阴天也忧愁，没多久就白了头。一天，一位远方亲友来看她，惊讶她的衰老，问其缘由，不觉好笑，那亲友说："阴天你大女儿的伞好卖，你高兴才是；晴天你二女儿的染坊生意好，也该高兴才是。这样你每天都有快乐的事，天天是好日子，你干吗不捡高兴，专拾忧愁呢？"老妇人一听："言之有理！"从此，她便笑口常开，幸福每一天。

学会选择，能够让我们跳出来看自己，这样你就会发现生活是苦累，还是开心、舒坦，完全取决于我们的心境，取决于我们对生活的态度。人的一生，总免不了磕磕碰碰。每当这个时候，我们就要选择好看事物的角度。

某年夏天的一个傍晚，有一美丽的少妇投河自尽，被正在河中划船的白胡子艄公救起。艄公问："你年纪轻轻，为何寻短见？""我结婚才两年，丈夫就遗弃了我，接着孩子又病死了。您说我活着还有什么乐趣？"艄公听了之后，问道："两年前，你是怎样过日子的？"少妇说："那时我自由自在、无忧无虑呀！""那时你有丈夫和孩子吗？""没有。""那么你现在只不过是被命运之船送回到两年前，现在你又自由自在、无忧无虑了。请上岸去吧……"听完这些话，少妇如梦初醒。她揉了揉眼睛，便离岸走了。从此，她没有再寻过短见。

可见，在很多时候，我们所有的苦难与烦恼都是自己的选择造成的。如果我们学会换个角度看问题，我们就不会为战场失败、商场失手、情场失意而颓废。学会正确地选择，是一种突破、一种解脱，从而使我们获得自由自在的乐趣。

世界无限宽广，我们的选择也多种多样。换一种立场待人看事，我们就会感到自己的世界依然是那样美好。

鱼和熊掌不可兼得

"鱼,我所欲也;熊掌,亦我所欲也,二者不可得兼,舍鱼而取熊掌者也。"面对两种自己都想要的东西,我们必须学会取舍,从中选出一个最适合自己的。

泰戈尔说:"当鸟翼系上了黄金时,就飞不远了。"智者曰:"两弊相衡取其轻,两利相权取其重。"在明智的选择中,聪明地放弃也占有较重的比例。放弃是生活中时时要面对的清醒选择,学会放弃才能卸下人生的种种包袱,轻装上阵,安然地等待生活的转机,渡过风风雨雨。懂得放弃,才能拥有一份成熟,才会活得更加充实、坦然和轻松。在生活中的绝大多数时候,我们不能兼得鱼和熊掌,也就是说,我们要学会选择,学会放弃就是审时度势、扬长避短,把握时机,明智的选择胜过盲目的执着,选择是量力而行的睿智和远见。

孟子说的也是这样一种道理。人必须学会取舍,学会选择。"有所为必有所不为,有所得必有所失。"也许,我们更多时候,执着于鱼,执着于有所为有所得,只看到选择放弃时的失落和痛苦,而忘记了如果我们不放弃鱼,就会面临更大的失去熊掌的痛苦。

生活中经常面临着鱼和熊掌不可兼得的情况,也就有了选择和放弃,就是所谓的取舍。清醒地放弃和大胆地选择是相一致的。有放弃就有选择。

在鱼和熊掌的取舍之间,放弃是为了更好地选择。放弃一时之利,是为了享有永久之益。我们应该放弃失恋带来的痛楚;放弃受辱留下的仇恨；放弃心中难言的烦恼；放弃无聊的争吵；放弃没完没了的解释；放弃对权力的角逐；放弃对金钱的贪欲和对虚名的争夺。记住，凡是主客观条件不相一致的事情，或者是一厢情愿的事情，或者是能办到但不能给他人和社会带来好处的事都应属于放弃之列。

不会放弃的人，永远无法获得。有所弃，才有所取；有所为，才有所不为。学会放弃，就得知道该放弃什么，不该放弃什么。为了熊掌，我们可以放弃鱼；为了事业的成功，我们可以放弃消遣娱乐；为了纯真的爱情，我们可以放弃金钱；为了庄严的真理，我们可以放弃利禄。该放弃时就放弃。放弃后，你就会看到天空的蔚蓝，感受到阳光的温暖；你就会闻到芳草的清香，听到动人的音乐；从你放弃的那一刻起，你就获取了新的东西：或是快乐，或是信念，或是信任等。

是的，很多时候，鱼和熊掌是不能都要的，这需要我们适时地做出选择和舍弃。舍弃是大自然的一种法则，舍弃也是世间万物生存的一种方式。

一个小男孩在玩耍的时候，把手伸进了花瓶里，像是在找什么东西。糟糕的是，当他想把手收回来的时候，却怎么也拔不出来。男孩的父亲发现后，帮着他一起尝试几次，也均失败。男孩的父亲想把花瓶打碎，好让儿子摆脱困境。可是，花瓶太名贵了，父亲迟迟下不了决心。最后，男孩的父亲决定换一种方法再试最后一次，不行就砸掉花瓶。

"孩子，你把手伸直，把手指并拢在一起，再往外拔，就像我这样。"父亲边说边给儿子做示范。

小孩随后的回答让他大吃一惊："爸爸，我不能那样做，如果我把手松开了，我手里攥着的硬币就会掉下来，那可是1美分呀！"哭笑不得的父亲，终于明白了儿子的手拔不出来的真正原因。

听完这个故事你也许会对小男孩的天真报以微笑。一枚面值小得可怜的硬币差点儿毁了一个名贵的花瓶。

其实我们中的很多人何尝不是如此呢？往往我们会守着一些毫无价值的东西，舍不得放弃，结果另外一些更有价值的东西却被我们忽略或者放弃。

从古至今，有无数著名人物取得了彪炳史册的丰功伟绩。他们的成功无不得益于对"舍得"二字的把握和体悟。

王昭君舍弃了锦衣玉食的宫廷生活，踏上了黄沙漫天的西域之路，却得到了天下的一时太平与后世的无限赞美；英台舍弃了世间的一切繁华，化作一只蝴蝶，却得到了海枯石烂和天长地久的爱情；李白舍弃了富贵，却留住了"安能摧眉折腰事权贵，使我不得开心颜"的傲骨；越王勾践在被吴王夫差打败后，舍弃了君王一时的尊严，忍辱苟活，卧薪尝胆，经过十年的反思、十年的历练，他又重新夺回了天下；东晋的陶渊明，毅然放弃了当时世人竞相追逐的功名利禄，回到了山间，过上了"晨起理荒秽，戴月荷锄归"的隐士生活，才获得了那种"采菊东篱下，悠然见南山"的悠闲；司马迁舍弃了尊严，没有选择体面地死去，在牢中怀着更为强烈的忧愤之情写成了《史记》，完成了一部任何历史书籍都不能与之相比的恢宏史诗；钱学森舍弃了美国优厚的待遇，克服重重阻拦，毅然回国，为中国的"两弹一星"建立了不可磨灭的功勋，得到了国人的赞颂。

现代社会充满了诱惑，选择面很广，但更要在选择中学会舍弃，什么都不愿意舍弃的人其结果必然是对生命的最大舍弃。懂得放弃，是一种人生哲学；敢于放弃，是一种生存魄力，是一种良好心态；学会取舍，更是一门艺术。亲爱的朋友们，必须学会取舍，懂得放弃，这样才能更好地生活，这样，你的世界才会大不一样！

不要让犹豫带走你的机遇

不知道你有没有这样的感受，当我们遇到事情拿不定主意的时候，往往会思前想后、东张西望很久，结果一眨眼，就错过了最佳时机。所以，往往给你思考的时间只有那么短，在这么短的时间内，只要我们考虑好问题，我们就要抓紧时间行动，而不要犹豫，否则我们将会为此后悔。

从前，有一位很有名的哲学家，他迷倒了不少女孩。

有一天，一个年轻的姑娘来敲他的门，说："让我做你的妻子吧！错过我，你就找不到比我更爱你的女人了！"哲学家也很喜欢她，但他仍然回答说："让我考虑考虑。"然后，哲学家用他研究哲学问题的精神，把结婚和不结婚的好处与坏处分别列了出来。他发现，这个问题有些复杂，好处和坏处差不多一样多，真不知道该如何决定。最后，他终于做出了一个结论：人如果在选择面前无法做决定的时候，应该选择没有经历过的那一个。

哲学家去找那个姑娘，对他的父亲说："您的女儿呢？我考虑清楚了，决定娶她。"但是，他被那个姑娘的父亲挡在门外。他得到的回答是："你来晚了10年，我女儿已经是3个孩子的妈妈了！"哲学家几乎不敢相信自己的耳朵，他难过极了。两年后，他就得了重病。临死前，他把自己所有的书都扔进火里，只留下一句话："如果把人生分成两半，前半段的人生哲学是'不犹豫'，后半段的人生哲学是'不后悔'。"

可见，犹豫的确会使我们错失很多的机会。所以当我们考虑清楚之后，就要立刻行动起来。当我们有了行动的目标，就要抓紧一切时间，调动一切关系，把事情落实到位。犹犹豫豫，只会使我们把机会留给别人。

事实上，在我们的生命中，机会一直存在着，我们需要做的只是迅速地抓住它们。当我们为自己确立了目标之后，我们真正要付出的就是行动。这样，这些令我们熟视无睹的看似偶然的事件就会变成真正的机会。

一般来说，机会对每个人都是平等的，一生中总会有一些机会就在你身边，伸手可及，切不要因为自己的犹豫而错失机遇。

别让自己在痛苦的海洋里挣扎

在人的一生中,要面对许许多多的选择。在把握命运的十字路口,要审慎地运用你的智慧,快乐地做出最正确的判断,放弃无谓的固执,冷静地用开放的心胸去做正确的选择。不要悲观地感慨"不可兼得"的失去,要乐观地看到"失之东隅,收之桑榆"。

人的情感就是这样,总是希望有所得,以为拥有的东西越多,自己就会越快乐。所以,这人之常情就迫使我们沿着追寻获得的路走下去。可是,有一天,我们忽然惊觉:我们的忧郁、无聊、困惑、无奈、一切不快乐,都和我们自己有关,我们之所以不快乐,是因为我们渴望拥有的东西太多了,或者太执着了,不知不觉,我们已经执迷于某个事物上了。

韩非子讲过这样一个故事:一个人丢了一把斧子,他认准了是邻居家的小子偷的,于是,出来进去,怎么看都像是那小子偷了斧子。在这个时候,他的心思都放在斧子上了,斧子就是他的世界、他的宇宙。后来,斧子找到了,他心头的迷雾才豁然散去,怎么看都不像是那个小子偷的。仔细观察我们的日常生活,会发现我们都有一把"丢失的斧子",这"斧子"就是我们热衷却在现在还没有得到的东西。譬如说,你爱上了一个人,而她却不爱你,你的世界就微缩在对她的感情上了,她的一举手一投足,衣裙细碎的声响,都足以吸引你的注意力,都能成为你快乐和痛苦的源泉。有时候,你明明知道那不属于你,却想去强求,或可能出于盲目自信,或过于相信精诚所至,金石为开,结果不断地努力,却遭到不断的挫折,弄得自己苦不堪言。世界上有很多事,不是我们努力就能实现的,有的靠缘分,有的靠机遇,有的我们能以看山看水的心情来欣赏,无法得到的就放弃。

懂得放弃才有快乐,背着包袱走路总是很辛苦。中国历史上,"魏晋风度"常受到称颂,说到底,是一种不把心思凝结在"斧子"上的心态。

我们在生活中,时刻都在取与舍中选择,我们又总是渴望着取,渴望着占有,常常忽略了舍,忽略了占有的反面:放弃。懂得了放弃的含义,也就理解了"失之东隅,收之桑榆"的妙谛。多一点中和的思想,静观万物,体会诗意,我们自然会懂得适时地有所放弃,这正是我们获得内心平衡、获得快乐的好方法。

生活有时候会逼迫你不得不改换爱好,不得不放弃你的远大理想。人生其实就是一个选择的过程,选择对了,是成功的帆;选择错了,势必会是南辕北辙。尤其当你遇到追求的目标不可能实现时,果断地放弃是一种明智的选择。

在各种各样的选择中,有时候选择放弃要比选择执着、奋斗更需要勇气、决心。有的时候放弃不是逃避、不是灰心、不是无所作为,这种放弃是放弃不一定要拥有的,比如官阶、名利等。适时地放弃某种努力,目的是登上更高的思想境界,主动地放弃是一种大智慧、大境界,必将回以无尽的快乐!

学会放弃，享受人生

有时候，人们总是将"放弃"与懦弱或者失败相联系，因此"坚持"与"放弃"相比得到了更多的礼遇与赞叹。其实放弃也是一种美丽，它是勇气、豪气的新起点，不妨坚信，错过好的还会有更好的等着自己。

法国少年皮尔，小时候的理想就是成为一名出色的舞蹈演员。可是，因为家境贫寒，父母根本拿不出多余的钱来送皮尔上舞蹈学校。皮尔的父母将他送到一家缝纫店当学徒，希望他学一门手艺后能帮助家里减轻点负担。皮尔对这份工作厌恶极了，不但繁重的工作所得的报酬还不够他的生活费和学徒费，重要的是，他为自己的理想无法实现而苦闷。皮尔认为，与其这样痛苦地活着，还不如早早结束自己的生命。就在皮尔准备跳河自杀的当晚，他突然想起了自己从小就崇拜的有着"芭蕾音乐之父"美誉的布德里，皮尔觉得只有布德里才能明白他这种为艺术献身的精神。皮尔决定给布德里写信，并拜他为师。

皮尔很快拿到了回信，他迫不及待地打开信封，搜寻自己想要的结果。布德里并没提及收他为学生的事，也没有被他要为艺术献身的精神所感动，而是讲了他自己的人生经历。布德里说他小时候很想当科学家，因为家境贫穷无法送他上学，他只得跟一个街头艺人跑江湖卖艺。最后，他说，人生在世，现实与理想总是有一定的距离。在理想与现实生活中，首先要选择生存。只有好好地活下来，才能让理想之星闪闪发光。一个连自己的生命都不珍惜的人，是不配谈艺术的。布德里的回信让皮尔猛然醒悟。后来，他努力学习缝纫技术。从 23 岁那年起，他在巴黎开始了自己的时装事业。很快,他便创建了自己的公司和服装品牌。说到这里,大家都已经猜到了,他就是皮尔·卡丹。

在一次公开的场合,皮尔·卡丹曾表示:"其实自己并不具备舞蹈演员的素质,当舞蹈演员只不过是少年轻狂的一个梦而已。"

对于皮尔·卡丹来说:放弃做舞蹈演员的梦想,是把自己重新放置在一个起点上,就像重新在一张白纸上作画,人生可以重新来过。因为没有放弃就不会有收获;放弃意味着人生将获得一次重新选择的机会。放弃就是获得的前提。

懂得放弃的人既拥有了得到的前提,也拥有了成功的前提。放弃那些干扰我们前进的因素,放弃那些不可能实现的妄想,放弃那些我们为之付出极大的努力仍无果的目标,放弃那些该放弃的一切。然后轻装上阵,安然等待生活的转机。放弃,并非是无所追求,而是为了不让那些无关紧要的枯枝败叶、魔光幻影遮挡我们的视线,使我们失去前进的方向;放弃,不是无端地逃避现实,而是为了在大千世界里,准确定位人生目标,找寻人生的真谛,弹奏生命中蕴含着的质朴和谐的音符;放弃,更不是自暴自弃,不是背叛生命中固有的那份执着,而是在迂回中认清自己,为了那份藏于心底的执着而进行的一次飞跃。这是对自我认知的不断飞跃。

放弃是每个人必备的一种品质、一种操守,放弃是一种美的释放,是一种质的升华。只有懂得放弃的人才能彻悟人生,笑看人生,才能拥有海阔天空的人生境界。学会放弃吧!你会更轻松地享受当下的生活。

第八章

08

工作远没有你想象得那么复杂

> 工作是人一生中最漫长的一项任务。从步入社会的那一刻起,直到我们两鬓斑白,我们才能真正地闲下来。而工作也是让许多人活得很累的原因。其实,你要知道,如果你的工作让你感觉到心累,那就不是适合你的事情。真正简单的生活应当是开心工作、快乐生活。

工作的心情只与你有关

"累得像狗一样"是现在的上班族们经常说的一句话,他们总是抱怨自己工作辛苦。朋友圈存在那么多想出去旅游的状态签名,为什么?无外乎工作让他们太不开心,想找个暂时的世外桃源逃避一下而已。在很多人眼中,上班的日子除了发工资那天,其余都是痛苦的。但是曾几何时,回想我们刚刚步入职场的时候,怀揣着梦想,对未来充满憧憬,那时的每一天都感到充实而快乐。可是现在,上班却变成了例行公事,本该干劲十足打拼的时刻变成了浑浑噩噩混日子的敷衍。工作真的能剥夺一个人快乐的权利吗?

我们每个人活着,都试图在世间找到自己存在的意义。工作,不单单是人们获得财富、保障生活的手段。它更应该是人们发挥价值、充实人生的有趣方式。但是现在很多的年轻人,把快乐当成逃避努力的借口,想要的东西太多,而能力又暂时不够。于是只要工作中遇到一点不顺心的事情就忍受不了,说不干就不干。

费雪工作不到三年,已经换了八份工作。最长的不过半年,最短的还不到一个星期。爸妈看着她这样频繁跳槽,很是担心,于是请开公司的朋友帮忙,希望能教费雪一些上班的态度和经验。

费雪爸妈的朋友并没有让费雪担任太复杂的工作,而是先让她担任一名基础文员,以积累工作经验。费雪的工作很清闲,最初的几个月,她觉得特别快乐,认为终于找到一份满意的工作了:活儿少,钱多,离家近。周末还能约同学朋友打打麻将,真是不亦乐乎。爸妈看在眼里也慢慢放下心来。

哪知几个月后，费雪就开始抱怨。不仅上班越来越磨蹭，下班回来也经常板着脸。妈妈问她原因。费雪说："这工作太枯燥啦，一点挑战性都没有。每天上班都跟前一天一样，就等着混日子拿工资，能开心吗？"妈妈心想，工作的事情自己也不懂，就找个机会委婉地跟朋友聊了下这件事情。

这天上班，爸妈的朋友把费雪单独叫到办公室："雪儿呀，你在这儿上班也已经小半年了，觉得怎么样啊？"费雪没料到他会这么问，瞪大了眼睛，一时不知该如何回答。"我知道你觉得不太开心。小李和你一起进的公司，你们俩干的事情差不多，他的工资还比你低。但是你看他，每天干劲十足，见到谁脸上都带着笑。你知道为什么吗？"费雪摇摇头。爸妈的朋友接着说："小李这个人，年纪不大，但心态很成熟。不论喜不喜欢这份工作，他都把它当成一个学习的机会，而且懂得管理自己的情绪，从工作中发现乐趣。你不快乐，问题不在工作本身，而在你自己。"爸妈的朋友的一席话将费雪点醒——她终于开始反省，从自身寻找不快乐的原因。

说到底，工作和生活密不可分。正如俄国作家高尔基所言："工作是一种乐趣时，生活是一种享受；工作是一种义务时，生活则是一种苦役。"我们是愿意像费雪那样，喜怒哀乐被工作控制，还是像小李那样做自己情绪的主人？答案不言而喻。

工作的时候，我们只要做到以下三点，就能真正享受到它所带来的乐趣。

1. 做你所爱，爱你所做

在选择职业的时候，一定要结合自己的爱好，它们会为工作注入无限活力。如果没那么幸运，爱好、工作只能选择其一，那就学会妥协，先解决生活的问题。同时，要努力在工作的过程中发现乐趣，也许是志同道合的同事，也许是打开新世界大门的项目，甚至是养在办公室的一只宠物。先爱上那个环境，再投入你的工作，最后享受其中的乐趣。

2. 将目光放长远，再长远一点

要知道，人不是为工作而生的。除了眼前的工作，我们还有远方的梦想。想到好好工作，就有实现梦想的基础，认真工作一天，梦想就离自己越近，不知不觉快乐也就多了起来。

3. 简简单单，拿得起就放得下

工作中，如果真的遇到特别气愤、难过的事情，那就学着像个简简单单的孩子一样。上一分钟还在为某件事情大哭的孩子，下一分钟又开开心心地该干吗就干吗去了。人生就是需要这种简单的态度，过去的事情就让它过去，拿得起放得下，才是真正的人生赢家。

慢一点又何妨

　　仔细想想，现代社会的生活节奏真的很快：吃快餐、坐快轨、拍快照、用快递，上辅导班也要上速成的，喝咖啡要喝速溶的，就连广告词都是"生活在网络时代，什么都要快"。

　　过去写信，收回信少说也得十天半个月，大家一点都不急，而现在别人发一条信息给你，你两分钟没有回，对方就会着急。古代人从一个地方去另一个地方，一走就是几个月，半年甚至于几年。现在有飞机了，飞机晚点半个小时，公交车迟到三分钟，乘客都觉得是漫长等待。

　　生活中，人们或多或少都有过这样类似的经历：赶上课，赶作业，赶相聚，赶离开；每次与恋人约会都赶场似的赶时间，最终却无法相守；每次与挚友的相聚都过于急促，以致于吃完饭就互道一声珍重；每次赶着做这做那却无法跟妈妈完完整整地谈一次话；每次的匆匆都让我们来不及享受就戛然而止了。

　　赶时间，真的算是一个好借口。为了赶时间而赶时间，人们每天奔走在城市中，一边开车，一边抱怨城市交通令人窒息的堵塞。所有人都疯狂地在人群中穿梭，想立刻奔向终点，赶着去上班、上学、考试、面试、谈判……人们紧赶慢赶，即便便捷的交通工具和通信网络不断帮人类缩短时空的距离，大家却越来越没有时间。当赶时间变成了一种生活状态时，人们遗失在时间的荒漠中，再也找不到内心的庭院。科技越来越发达，工具越来越先进，一切越来越便利，而时间却越来越紧，究竟是哪里出了差错？还是谁偷偷拨快了时钟？

真的有这么忙吗？真的忙得有些事一直无法完成，无法实现吗？当我们赶着完成自己的计划，结果却发现失去了实行的本身意义时，那我们的忙碌还有价值可言吗？

在常人眼里，这样一群都市人外表光鲜亮丽，生活看似美满，其实，他们的背后隐藏着诸多不为人知的无奈和辛酸，有时候，他们也不得不向现实低头；有时为了生存，甚至不得不付出高昂的代价和精神上的煎熬。有人曾经感慨，通向成功的其实是一条很窄很窄的路，像登山一样，越在下面越拥挤，越到山顶人越少，因为只有很少的人能够真正到达山顶……

风光背后必然是无数人无法做到对自己的苛刻，犀利背后必然是无数次的打击与磨炼。就像一个舞者，不管舞姿有多娜娜，都得在背后刻苦地练习基本功；一个人不管多么出色，每个风光的背后都有难以言说的痛苦与辛酸，要想得到绝代的华贵与娇艳，关键是要把辛酸化成一种勇往直前的动力。

英国广播公司 BBC 的一则报道表明，时间已经成为越来越贵的奢侈品，充足的睡眠消费成了伦敦商界的最新身份标志。有影响的商界人士允许自己夜里早上床睡觉，而关爱自己的人每天要保证 8 小时睡眠。美国商业奇才亚马逊网的总裁杰夫·贝佐斯就是这种新奢侈的拥戴者，他每天也至少睡 8 小时。

所以，专家们定义未来的奢侈消费将是这么一拨人：他们总有时间做自己想做的事情，能自己决定做什么或者做多少、什么时候做、在什么地方做。

是的，越来越多的人发现，闲适也是一种越来越难满足的基本需要。人们追寻物质奢华的过程，其实转了一个大圈。终有一天，人们会发现，那些丢掉的朴素，才是自己最需要的，而却已是可望不可即的奢侈。

累了，就停下来歇一下

人人都知道"身体是革命的本钱""不会休息就不会工作"这些至理名言，可是现实中由于主观、客观各种因素所致，有些人就是做不到。

客观方面，有时工作催得急，无法停下来，需要夜以继日，连续作战。主观方面，有些人本身就是拼命三郎的脾气，不干好工作，不告一段落，自己心中就放不下，寝食难安。如果这种急脾气的人在工作中遇到困难，更是放不下。可是，如果他们的身体状态不允许，就会在他们忙着"冲锋陷阵"时发出抗议，或者开小差，让主人无法精力集中；或者干脆罢工，让主人生病住院一段时间；严重的还会把主人拖进死亡的坟墓，与主人同归于尽。

可是，有些年轻人总是对自己的身体过于自信，认为健康问题是人到中年才应该考虑的，自己现在马力正足，正可以加油大干、快干、猛干，身体没有那么娇贵。那样想是错误的，总是加油也会步履蹒跚。这个道理可以用一个简单的比喻来说明。如果我们买了一双很漂亮的鞋子，因为特别喜欢就天天穿在脚上，结果会怎样呢？虽然这双鞋质量非常好，但是也经不住你每天辛苦奔波的折磨。于是在你不注意的时候，不是鞋帮开线了就是鞋底磨坏了。直到你有一天感到走路很难受，蹲下来看时才发现，曾经漂亮无比的鞋子已经不知什么时候面目全非了。鞋子得不到适当的休息尚且会抗议，更何况我们的身体？即便是年轻人也不能依赖年轻这个资本就不珍惜生命，无休止地延长你的工作时间、学习时间，否则你将受到生命规律的严厉处罚。那些面色苍白的考研族，他们夜以继日地埋头科研和进行题海战术，有没有看到自己的身体是多么疲惫不堪？还有那些"拼房族"，当他们为了房贷而奔波时，有没有看到自己的脸色是怎样缺乏营养？

因此，那些疯狂工作的人，再不要以牺牲休息为自豪，再不要认为只有废寝忘食、夜以继日地工作，才能取得优异成绩。匆忙只能加速衰老，匆忙只能让人生的列车提前开到终点。如果还没有走完生命的旅程就长眠于地下，之前的理想、前途、事业不就都成了泡影了吗？"不会休息的人就不会工作"，这的确是放之四海而皆准的至理名言。为了健康，让我们停下来，休息一下。

其实，在生活中，那些只注意忙工作，不懂得适当休息、享受生活乐趣的人是很枯燥无聊的。而且，从老板的角度来看，也并不欣赏那些加班族。每当他们听到员工说工作太忙，没有时间去休息时，他们会感到这位员工的能力是否不足以应对他的工作；或是他工作方法不对，不善于管理自己的时间；或是他生性太看重金钱，要钱不要命。

既然在人们的眼中，疯狂工作的人是如此费力不讨好，为什么不停下来休息一下呢？不能休息十天半个月就休息一周，不能休息一周就一天，不能休息一天就一会儿。珍惜分分秒秒我们可以休息的时间，哪怕就是中午休息一会儿，也可以使你获得大量的精力、体力，你就会感到精神头儿十足，可以应付各种问题。这一点，也是人们的普遍共识。特别是那些在工作中做出惊人成就的人，他们都很重视休息，从来不以牺牲休息为代价。正是因为休息为他们赢得了健康的体魄和旺盛的精力。因此，他们不仅工作有条有理，而且精神焕发，身体健康。

美国的罗斯福总统就是一个很注意抓住时间的空隙进行休息的人。一天，他疲劳万分、面色憔悴地走进他的游艇。可是一个钟头以后他再出现时，已经是一个完全不同的人，看起来好像年轻了二十岁。人们还以为他使用了什么健康美容之类的秘方，但是罗斯福的女儿说："我爸爸自从得了小儿麻痹症以后，他已经养成一种'积极休息'的习惯，让他能一生工作不辍。"

就像土地不能连续生长庄稼，春季播种，秋季就要翻晒一样，人体也需经过一段时间的调养才能发挥最大的效益。休息是使人体从疲劳中得到恢复的最有效、最符合生理要求的一种方法。另外，休息也需要积极一点，不能等身体支持不住再关注，那时候已经晚了。

为了走更远的路，工作更有效率，更健康长寿，我们每一个人都需要适当及适度地休息，为身体补充足够的能量。这才是乐天的根本和保证。

做时间的管理者

鲁迅先生曾说:"时间,天天得到的都是二十四小时,可是一天的时间给勤勉的人带来聪明和气力,给懒散的人只留下一片悔恨。"时间对每个人都是公平的,既不会给有钱人多一分钟,也不会给穷人减少一秒。幸福与否的区别在于,同等长度的时间,每个人的利用方式大相径庭。有的人能够充分利用时间,恰如其分地管理,让时间每一分每一秒都有其存在的意义。而有的人,却只是浑浑噩噩,甘愿让时间像沙滩上的细沙一样,被海浪随意带走。

人的一生其实只有三万多天,比人们以为的短暂很多。如何让这三万多天每天都过出不一样的精彩,而不是只活了一天却麻木地重复三万多次,当务之急就是学会时间管理。历史上那些如明星般闪耀的伟人,无一不是管理时间的大师。其中,尤以达·芬奇最为出名。

列奥纳多·达·芬奇被现代学者称为"文艺复兴时期最完美的代表"。因为《蒙娜丽莎》,我们都知道,他是一位天才画家。但很多人不知道的是,除了绘画,达·芬奇还是一位天文学家、建筑工程师、发明家……他通晓数学、天文、生理、物理、地质、军事、考古等多个领域,一生都致力于各种创作,保存下来的手稿多达六千多页。他的成就如此辉煌,连爱因斯坦都对他赞叹不已。爱因斯坦认为,如果在达·芬奇的年代,他的成果就得到发表,人类社会的科技发展将提前三十至五十年的时间。

达·芬奇活了67岁,并不比普通人长,但却取得如此之多的惊人成就。秘诀之一就是他独一无二的时间管理方式,现在人们称之为"达·芬奇睡眠法"。达·芬奇每四个小时睡十五到二十分钟,一天下来总共只睡两个小时左右,剩下的二十二个小时都被他用在各学科的研究上。通过这种方式,他不仅最大化地管理好、利用好了时间,同时保证了自己拥有旺盛的精力。人类文明发展史上,永远都会有属于列奥纳多·达·芬奇的华丽乐章。

这个世界能成为达·芬奇那样的伟人毕竟是少数,适合这种方式的人更是少之又少,但他的故事,足以充分证明时间管理的重要和价值。时间管理的原则之一,就是不要机械性照搬别人的方式,而要有针对性地建立起一套属于自己的时间管理体系。俗话说,他山之石可以攻玉,在你摸索出自己的方法之前,不妨试试以下几种管理时间的办法。

1. GTD

GTD 的全称是"Getting Things Done",意即把事情做完,由美国著名的时间管理大师戴维·艾伦首次提出。每一天尤其是工作中,人们都有很多事情要做。GTD 的主要原则就是,鼓励人们把事情记录下来,为大脑腾出空间。这样就不用在做这件事情的同时脑海里还被另外几件事情困扰,从而集中精力、提高效率。GTD 有一个实用性非常高的两分钟原则:通常人们推迟一件事情的时间是两分钟,所以任何事情只要完成的时间少于两分钟,就立刻去做。对于有拖延症的人来说,这个原则真是再适合不过。GTD 还给人们提供了一系列细化的流程,方便人们更好地管理时间:记录好工作事项,从最上面的一项开始,一次只专心处理好一项,定期回顾和检查。智能手机的普及,为人们管理时间提供了极大方便,因为我们拥有了大量符合 GTD 原则的应用软件可以下载,当然,就算什么软件都没有,只要有恒心,哪怕借助最原始的纸和笔,我们依然能管理好时间。

2. 番茄工作法

相比 GTD，番茄工作法是一种更加细致的时间管理方式。它以二十五分钟为一个时间单位，创始人将其命名为"番茄钟"。在这二十五分钟即一个番茄钟以内，不允许做任何与计划任务无关的事情，也就是说不能玩游戏、刷微博、聊微信……对于被太多事物诱惑的现代人而言，番茄工作法真是既"残酷"又必要。然而在工作之外进行时间管理，番茄工作法并不合适，比如父亲如果规定自己只能陪孩子玩耍三个番茄钟，那真是迂腐至极的表现。它的存在是为了让我们提升工作效率，以便有更多的时间享受生活。如果不能通过它提升我们的幸福感，那我们可以试试最后这种方式。

3. 记事本

顾名思义，就是用最普通的记事本，通过它来计划和总结自己一天的生活。你可以在记事本上列各种各样的清单，比如今天要做的事、任务完成进度表、看过的书和电影、那些有趣的人和故事、我的反思等。这是一种虽然简单但个性化程度最高的方式。在记事本的选择上，我们也能充分依据个人的喜好，如选口袋大小能够随身携带的型号，颇受人们欢迎而且使用效果很好。

总之，时间管理并没有定式，就像每个人的生活都不相同一样。根据我们的实际情况做出规划，用有限的时间享受无限的幸福，就是我们管理时间的目的。

享受生活才能更好地工作

每年三月的第三个星期五（在我国定为 3 月 21 日）被确定为"世界睡眠日"。这是一项由世界睡眠医学学会发起的全球性健康计划。有人也许会觉得大惊小怪，睡觉这么一件普普通通的小事，也值得在世界范围内发起倡议？殊不知，当今社会快节奏的生活和高负荷的精神状态，已经让睡眠问题成为一场席卷全球的"疾病"。

世界卫生组织曾在全球多个国家和地区进行大规模调查，结果发现 27% 的人深受睡眠问题困扰。其中，失眠的发病率之高，已经达到让人触目惊心的程度。在美国失眠率超过 32% 甚至高达 50%，法国为 30%，中国也在 30% 以上。不再需要过多的数据展示，因为我们很多人对于睡眠障碍都有深刻体会。

在清晨的地铁站里，挤满了打着哈欠、努力睁大"熊猫眼"等车的上班族；而在深夜，我们依然能看到这样的上班族在回家的地铁上，抱着公文包蜷在座位上打盹儿。而现实问题比我们看到的还要严重得多，睡眠障碍只是现代人缺乏休息的其中一种表现形式而已。

那些极度缺乏休息的年轻人就是这个时代的缩影，仿佛背负着全世界的压力，可以为了工作不睡觉、不过周末，也不通过任何其他形式来放松自己。在工作面前，身心健康真的那么微不足道？成功如果必然要用身心来换取，那是不是社会精英们都不睡觉、不娱乐，不给大脑和身体休息的时间？

韦恩先生是一家跨国集团的 CEO，处理的生意动辄上亿。有一天，一位大客户来拜访韦恩先生。不料他的秘书说:"对不起先生,韦恩先生去希腊和家人度假了。而且他特别叮嘱,度假期间不要打扰他,任何工作上的事情都不可以。"

"你说什么?"客户简直不敢相信自己的耳朵,"这么大的集团的事务都不管了,韦恩先生居然出去度假!"

"是的,先生。"秘书抱歉地说。

客户有些失望,但是仍不死心。他一离开办公室就迫不及待地给韦恩先生打电话:"你工作一个小时就能搞定上亿美元的生意,却跑去希腊度假,这一休息得损失多少钱?平时你这么精明,这笔账怎么都不会算了?"

电话那头,韦恩先生哈哈大笑:"上亿美金确实是很多很多钱,但是它能买来一个小时吗?它能换来我和家人在一起的快乐时光吗?钱,什么时候都可以挣。但是美好的生活、好的心情,却是无价的。"

所以你看,成功并不需要人们拿命去换。还有比赚钱更重要的事情,那是无论多大的成功都无法相比的。

很多人担心自己放松的时候,别人在努力工作,那自己是不是就会落后甚至失败。正是这种不必要的恐慌,让人们终日惶惶,得不到片刻安宁。磨刀不误砍柴工的道理,我们从小听到大。西方也有一句类似的谚语,"只工作不玩耍,聪明的孩子也变傻"。玩耍,即是休息,通过放松身心,给自己喘息、恢复的机会。努力工作是应该的,像工作一样努力休息,更是必需的。劳逸结合,才能事半功倍。

查理在伐木场得到了一份伐木的工作。他决心一定要努力工作,让人们刮目相看。于是,上班第一天,他就带着斧头干劲十足地冲进了人工种植林。整整一天,查理片刻不停地挥舞斧子,最终砍倒19棵大树。老板看了非常满意。

于是第二天，查理干劲更足。可是当他准备举起斧子的时候，发现胳膊痛得抬不起来。但他强忍酸痛，用比昨天更大的力气砍树。尽管这么拼命，第二天他却只砍倒 16 棵，比第一天还少 3 棵。查理觉得有些沮丧，暗下决心，明天一定要更加努力才行。

第三天，查理感到浑身上下都酸痛无比。但是眼看其他工人砍的树越来越多，他片刻都不敢让自己休息，就是这样砍的树却比第二天还少。查理难过极了，生怕老板以为自己没有好好工作。

第四天，就在查理艰难挥舞斧子的时候，老板出现了。他把查理叫到一旁坐下，对他说："你知道为什么砍的树越来越少吗？""我没有偷懒。"查理赶紧辩解。老板微笑着说："放松点，我知道你的努力不输给别人。但为什么效率越来越低？你有没有注意过乔治？他和你同一天来上班，砍的树每次都比你多而且每天都没有减少。"查理回去观察发现，乔治每砍倒几棵树，就会放松一会儿，哼哼歌、抽抽烟，或者在草地上躺一会儿。

乔治是在偷懒吗？如果是，那为什么他的工作业绩比从不放松身心的查理好很多？其实道理已经很明显了，乔治是在通过适当的放松，为下一次工作积蓄更大的能量。努力工作并不意味着非要像查理这样片刻都不停歇，而是应该向乔治学习。适当的放松就像磨刀石，能让一个人的斧子变得更加锋利。

放松的价值，除了能让人们提高工作效率以外，更可贵的是通过它能够获得身心的双重愉悦。放松身心，既可以是一场优质的睡眠，也可以是一段旅行、看一本好书或者电影……总之，是任何可以让你内心感到舒适的事情。好好休息，像个真正聪明的人那样，就更容易在努力工作和享受生活之间，取得恰当的平衡。

如果可以，找一份让自己感兴趣的工作

所谓人性，就是人们都乐于做自己想做的事情，而不喜欢被强迫。兴趣就是一个人想做什么、不想做什么的外在体现。如果不是以兴趣为前提，那做事的人不会快乐，做的事情也不会长久下去。而人生，就是要简单就好，人的一生有很多种方式去度过。顺从天性，做自己想做的事情，是最简单也最容易快乐的做法，也说不定更容易实现一直以来的梦想。

摩西奶奶是美国著名的原始派画家之一，全球各地知名博物馆都展出过她的作品。在2001年，华盛顿国立女性艺术博物馆举办了一场名为"摩西奶奶在21世纪"的大型画展。展览的物品除了摩西奶奶的作品以外，还有来自各个国家的与她有关的收藏品。其中，一张由摩西奶奶寄往日本的明信片，引起了极大关注。

1960年的时候，一位署名春水上行的日本年轻人给摩西奶奶写了一封信。他在信中尽诉内心的苦闷，说自己目前从事医院的工作，但做得一点也不开心。自己一直很喜欢文学，最想从事的是写作工作。但在亲友的劝说和生活的压力下，不得不放弃梦想。现在自己即将三十岁了，真的很迷茫，究竟应该放弃收入稳定但不喜欢的工作，还是忘记喜欢的事，将文学之梦永远埋葬掉。

当时已经声誉卓著的摩西奶奶，给春水上行寄了张明信片，并根据自己的百岁生涯，附上最诚恳的建议："做你喜欢做的事，上帝会高兴地帮你打开成功之门，哪怕你现在已经80岁了。"

收到明信片的年轻人，人生从此改变。而世界文坛，又多了一位了不起的作家。春水上行就是后来的渡边淳一。

如果不是勇敢地追求自己喜欢的事情，现在不会有人知道渡边淳一是谁。但从他给摩西奶奶的信里我们看到，当时那个还只是春水上行的年轻人，并没有期望从文学里获得如此巨大的名誉，他只是简单地爱好文学创作而已。做想做的事由此产生的快乐，就是他最看重的回报。我们应该向渡边淳一学习，在做自己喜欢的事情之时，抛弃名利之心，单纯地享受这个过程就好。

渡边淳一是幸运的，因为他最终将兴趣爱好变成了实际行动，而且通过这份爱好让自己和家人过上了幸福的生活。但是，很多人远没有他幸运的百分之一。有些人生的悲剧在于，既没有享受过做喜欢的事带来的快乐，甚至连自己究竟喜欢做什么，都从来没有搞清楚过。

如果一个人只是工作，迫于生存的压力让工作占据了大部分的生命，他当然没有时间去寻找和从事自己想做的事情。最佳的人生状态，就是将兴趣爱好和工作恰当地结合在一起。做自己喜欢的事比赚多少钱更加重要，因为金钱买不来内心的快乐与安宁。

著名作家卡夫卡受迫于父亲的压力而学习法律，其后在一家保险公司任职。他从来没有快乐过，那篇蜚声世界的《变形记》就是他内心痛苦的真实写照。没有人想要痛苦地过一辈子，也没有人应该如此，做想做的事，是再自然不过的选择。

如果确实难以将爱好与工作放在一起，那至少工作之余，要努力寻找其他的乐趣。千万不要让工作成为你全部的生活，一定要给心灵留出充分自由的空间。如果喜欢电影，世界上那么多经典影片可以选择；如果喜欢音乐，各种各样的音乐节花开遍地。如果你暂时不知道自己喜欢什么，那就像影片《房间》里的主人公说的那样"因为不知道自己喜欢什么，所以决定什么都尝试一下"。不管多大年纪，尝试永远都不晚。

人生苦短，只在弹指一挥间。人们总是以为时间多的是，可以先把喜好、快乐放一边，等到赚够了钱再开始享受人生。但是，他们没有想过的是，明天可能并不一定会以想要的方式到来。看看那些环游世界的青年，他们并没有大把的财富，背上个背包就把想做的事变成了现实。现在的年轻人背负了太多不该有的压力，却放下了本该享受的快乐，这是多么让人难过的一件事啊。

珍惜时间，享受生命，做你想做的事情，让快乐之泉永不枯竭，就是对生命最大的赞美。

第九章

放缓节奏，享受人生

生活节奏太快，疏忽了与亲友的联系；工作量太多，常常加班到凌晨；责任感太强，明知不可能却想把事情做到十全十美。慢慢地积郁的阴影产生了"化学反应"：心悸、失眠、易怒、多疑、抑郁……种种"症状"表明，你已经处于亚健康状态。从现在起，就放慢自己的生活节奏吧，让心灵重归自然，感受那人类最珍贵、最原始的善与爱在内心扩散。

保持从容和自然的姿态

生活在现代社会的人们，日程表上填满的都是忙碌。忙着赶车、忙着赚钱、忙着做家务、忙着买房……看看大街上的行人，不都是步履匆匆吗？一边吃早餐，一边急匆匆跨过马路等公交；或者一边打手机，一边吃午饭。这一切的一切紧张而又单调，从容和自然似乎成了一种奢望。苏轼那种"竹杖芒鞋轻胜马""一蓑烟雨任平生"的闲适和随意自然似乎正在离我们远去。

假如你真的不理会生活紧张的节奏，想从容一番，自由一番，像苏轼那样看到人们都在急雨中奔跑，自己却特立独行，怡然自得地、不紧不慢地迈着步伐，四周一定多有不解或是异样的目光：有人会认为你懒惰，有人会认为你无能，还有人会以为你有毛病。人们会说，现在"一切向钱看"，跑步都无法达到富裕的程度，还有心思安步当车、不紧不慢？

固然生活在今天讲究效率和速度的时代，处处都需要快人一步，可是一味紧张会显得慌里慌张、毛手毛脚。匆忙和成功并不成正比。我们知道，硝烟弥漫的战场上是最紧张激烈的。可是，有谁看到战场上的大将是遇事慌张、凡事匆忙的人呢？战事越激烈，表现越从容，这才是大将风度。他们临危不惧，临危不惊，那种从容的表率，也可以起到稳定军心的作用。

今天的我们，生活在和平环境中，竞争再激烈，生活节奏再快，也无法和战争环境的紧张险恶相比，为什么反而无法找到从容镇静的感觉了呢？是因为我们的心态患得患失，所以行为上才无法从容。

其实，从容与环境没有什么必然的联系。虽然从容是表现出来的是一种镇静自若的行为，但是，这恰恰是人们心态平和的表现。如果他们的内心慌里慌张，就不会从行为上表现得如此从容不迫。再者，从容也是经过历练后成熟的表现。常常，那些经历过大风大浪的人，有了一定的阅历的积淀后常常会变得冷静而从容。因此，从容也是人们对外界压力承受能力强的表现。

被称为"不惧风暴"的丘吉尔，最能表现他临危不乱、镇静自若的从容心态的是1945年7月，英国保守党在大选中失败，丘吉尔落选了。秘书看到丘吉尔居然还有心情游泳，气喘吁吁地来告诉他："不好了，丘吉尔先生，您落选了！"可是，丘吉尔呢？他爽朗一笑，坦然地回答说："好极了，这说明我们胜利了，我们追求的就是民主，民主胜利了，难道不值得庆贺吗？"

丘吉尔在人生成败的关键时刻还那么从容、理智，表现了一种从容镇静的大政治家的风范。

我们虽然不是像丘吉尔这样叱咤风云的大人物，可是在日常生活中也可以拥有一颗平和的心态，因而试着在处理事情、对待生活的方式上表现出从容乐观的心态吧。比如，在工作中，一些让人着急上火的事情，乐观从容的人却可以三下五除二就解决。这些人即便在家庭中，也有那种"天塌下来也不慌"的从容的表现。他们要给自己的孩子做表率，告诉他们要遇事冷静、镇静。这些人遇到得意不会忘形，遇到失意不会紧张失态，遇到该表现自己时不会忸怩作态。对于处境的顺与不顺，不强求，只是顺其自然。这就是他们的人生态度。

这些虽然看起来普通平常，可是许多人却很难做到。他们面对已经得到的或即将得到的物质财富和名利往往会表现得欣喜若狂，而面对失去的又怅然若失，怨天尤人。至于情绪更是瞬间多变，喜怒哀乐一览无余。这样的人就无法谈得上从容，也谈不上自然，更无法享受心灵的自由。

而从容的人，即便在喧嚣的世界中，也能保持冷静和镇静；而且在繁忙的工作之余，还不会忘记以美的眼光和知足者的心态去欣赏寻常生活里面点点滴滴的人与事，去感受人生的快乐和幸福。

有位公司的总经理就是这样的人，越是繁忙的工作到来，越是事务缠身的时候，他不会忙得像陀螺一样旋转，使得心情浮躁、脾气暴躁，反而会忙中偷闲，去从容地享受一番。他会专门去一次杭州，在西湖畔，望着闲散的云，从从容容地品着泡的茶，有一种飘然欲仙的感觉。之后再回来工作，他就会精神焕发。

由此可见，如果在紧张的生活中多一些从容，会让人得到意想不到的美的享受；而且对于身体健康来说，从容的心态也是健康的催化剂。因此，要想乐天，从容和自然的心态必不可少。

学会欣赏沿途的风景

在忙碌的社会中，每个人都在追赶时间，而无暇顾及沿途的风景。也许他们认为那些都不重要，等有一天马到成功、衣锦还乡再来欣赏也不迟。目前，实现目标才是一切。于是他们义无反顾地选择奔跑，不停地奔跑。

其实，一味和时间赛跑的人并不聪明。紧紧张张地忙碌往往会错过擦肩而过的机遇。因为匆忙地奔跑没有来得及分辨身边事物的机会。再者，即便我们不是盲目地奔波，总是不停地奔跑也会让我们感到劳累不堪。

其实，人生就是一个过程，实现各种各样的目标也是一个过程。正是沿途的这些风景让我们奋斗的路途不再单调枯燥，正是有了这些风景的装饰，愉悦了我们的心情，增添了我们奋斗的动力，让奋斗的过程也精彩纷呈。如果只是为了不停地向山顶攀登，就忘了看看山下的海，吹吹半山腰清凉无比的风，岂不可惜？因此，在实现目标的过程中别忘了欣赏一下沿途的风景，不要忘记边工作边享受生活的乐趣。

而那些乐天的人都是懂得享受生活的人。他们在繁忙的工作之余会欣赏一下窗外的春暖花开。一天的工作结束后也会走出室外，抬头看一下天空中千万颗闪烁的星星。

其实，在人生的路途上，风景不仅是休闲娱乐的大自然的风景，人间亲情、爱情、友情也是值得珍惜和欣赏的美丽"风景"。往往这些"风景"不会像大自然的风景一样年年轮回，如果错过岂不更可惜？有些人不懂得这个道理,总是让他们一味地等待着。结果,等待遥遥无期,成了他们永远无法兑现的过期支票,也成了他们心中永远的痛。

一位错失爱情的人回忆说:

在很小的时候,我就看见你了。那时的你,梳一只羊角辫,在水边的石头上漂洗着衣衫。我以为你在看水,哪里知道你是借着水面的反光看河边玩耍的我。

少年时,你微笑着和其他同学打招呼,可是,看见我,你却低着头,我知道,你在等。但是,我总是告诉自己,等我学业有成。

青年时,我在外面打拼。偶尔回家看到你已是长发飘飘,虽然只是轻微地打一声招呼,可是我分明能感觉到你羞涩而惊奇的目光。但是我告诉自己,等我事业有成。

我哪里知道,盛开鲜花的花期是短促的。而我总以为你的青春不会凋谢。

中年时,我终于事业有成了,可是你却早已成了别人的新娘……今天,即便事业有成,无法再续的感情也是我最大的遗憾。

人生在世,匆忙奔波之中,有时会错过许多美丽而动人的风景。比如:儿时,我们会因为贪玩,不曾感受到父母给我们温暖的关爱;青涩时代,会因为难以开口,错失了本该拥有的爱情回忆;中年时,也会在患得患失的奔波中,让亲情的温暖从身边溜走……

俗话说:"世上难买后悔药。"有些事情之所以让人们感到遗憾就是因为我们只顾一路向上攀登,忘记了及时享受生活乐趣的缘故。因为我们总认为有些乐趣、情趣,可以天长地久。殊不知,人生无法轮回,在我们攀登的时刻,有些风景已经无法挽留了。因此,为了让人生少一些遗憾,在我们工作时不要忘记享受生活的乐趣。

在这方面,我们可以向那些乐天派学习。他们虽然并非都是物质条件优越的人，可是他们看重精神享受，看重心灵上的丰盈。他们懂得及时享受生活的乐趣，不会为了繁忙的工作加班加点就忘了做健康检查，等到身体发出危险的信号而贻误治疗的大好时机；他们忙中偷闲，会抽出时间运动和锻炼，保持身体的健康；他们更不会错过和父母、孩子、亲朋相聚的天伦之乐。常常，在假期中，带领孩子出去旅游的就是他们。在他们看来，这些都是奋斗的路途上最美丽的风景，都值得去品味和欣赏。

也许有些人说，我的生活中没有那么多浪漫温暖的事情，都是一些普通到不能再普通、平凡到不能再平凡的事情，有什么值得欣赏之处？

即便是平凡生活中的点点滴滴，可是稍做停留，欣赏一下，那些不同的情节，不同的细节，也有值得我们欣赏的价值，也可以丰富我们的生活情趣，温暖我们的心房。收藏多了，如涓涓流水可以汇成江河一样，心中的荒野也会绿草茵茵、花开遍地。

因此，在我们辛苦奔波的路途上，要告诉自己，和"风景"有个约会。抽出一点空余时间去赴约吧，否则，你会遗恨终生！

不妨让生活的节奏慢下来

在以"数字"和"速度"衡量一切的今天,有人却在提倡慢生活,或者过着一种特立独行的慢生活,你相信吗?

提到慢,人们就想到像蜗牛爬行一样地磨蹭和拖延。这是对慢生活的误解。慢生活不是让大家都当懒人,做不负责任的人,"慢生活家"卡尔·霍诺指出,慢生活不是磨蹭,更不是懒惰,而是让速度的指标"撤退",让生活变得细致,让心灵静下来。

乐天派提倡这种方式,并非因为他们压根儿不打算进入常态的社会规范,他们更看重的是在必要的财富积累下追逐物质和精神的双重享受。他们更强调生活质量、注重优雅舒适。虽然他们的状态和普通人的日常生活存在一定距离,可是必将会成为一种流行趋势。因为相对于当前社会匆匆忙忙的快节奏生活而言,慢生活是一种悠然自得的舒适,是回归自然、轻松和谐的意境。谁不对这样的生活无限向往呢?

诺贝尔文学奖获得者、著名作家米兰·昆德拉曾经充满无限怀念地问:"慢的乐趣怎么失传了呢?""古时候闲荡的人到哪里去啦?民歌小调中游手好闲的英雄,漫游各地磨坊、在露天过夜的流浪汉,都到哪里去啦?他们随着乡间小道、草原、林间空地和大自然一起消失了吗?"从他的疑问中,我们不难看出人们对悠闲生活的向往。因此,慢生活在多年出现后,便从意大利风靡世界。享受慢生活渐成其生活新风尚。

慢生活包括慢食、慢运动,甚至包括慢消费。1986年,意大利记者卡洛·佩特里尼就发起了"慢运动",以提醒生活在高速发展时代的人们：请慢下来，留心身边的美好。慢运动就是由慢速度、慢动作组合而成，它能消耗一定的体力，又不让你感觉很累，使人收获心灵的宁静和身体的健康。其形式包括慢跑、太极、瑜伽、跳舞、高尔夫、钓鱼等。

近几年，随着环保的呼声日益高涨，慢生活族还提出了慢消费的观念。他们选定那些人口在5万以下的城镇、村庄或社区，开展反污染、反噪声，支持都市绿化，支持绿色能源，支持传统手工方法作业等一系列活动。另外，慢生活还包括慢写、慢设计等。

2005年，62岁的意大利人贡蒂贾尼成立了"慢生活艺术组织"，倡议人们减慢生活节奏。2007年2月19日，这个组织在米兰举办了首个"世界慢生活日"。之后，贡蒂贾尼每年都会选择在一个世界大城市中开展活动。随着这些组织者和倡导者的推广活动，在快节奏、高压力的生活节奏下的人们，迫切感受到慢生活的重要性。

让我们再来看一下慢运动对身体健康方面的益处。医学研究表明，每天步行一小时以上的男子，心脏局部缺血的发病率只是很少参加运动者的四分之一。因此，今天，无论是在忙碌的美国还是在浪漫的澳洲，一种"每天一万步"的健身方式相当流行。

"慢饮食"就是要放慢吃饭的速度，细嚼慢咽。细嚼慢咽可以使唾液分泌量增加，唾液里的蛋白质进到胃里以后，可以在胃里反应，生成一种蛋白膜，对胃起到保护作用。所以，吃饭时细嚼慢咽的人，一般不易得消化道溃疡病，细嚼慢咽还能帮助节食减肥等。

那么，是否所有人都应该过一种这样的生活呢？那些没有条件或者环境不允许他们慢的人应该怎么办？其实，慢生活与个人资产的多少并没有太大关系，也不用担心这会助长你的懒惰。可以根据自己的情况选择什么方面应该慢。比如，你本来就有一个拖拖拉拉的毛病，那么就不能慢生活了。相反，如果你总是吃饭狼吞虎咽，说话爱打断他人，或者总是未富先奢，常常高消费一把，那么就要思考用这种慢生活的方式了。

慢生活的目的是提醒我们在为生活疲于奔命的时候，不要让美好的生活离我们而去。因为生活节奏的加快，现在的人每天都在为车子、孩子、房子而忙碌。虽然这是不可改变的现实情况，可是，我们总不能辛苦奔波，却无力享受吧？慢生活就是提醒我们要注意劳逸结合。

目前，城市化发展太快，社会进入"汽车化"时代，一些大城市似乎一夜之间就变得拥堵不堪，空气质量受到威胁，而且还在一定程度上加剧了能源的紧张。如何缓解环境的压力成了摆在世界所有人面前的问题。环境是人类赖以生存的基础，我们总不能单纯追求及时行乐，不顾子孙后代的生存安危吧？因此，这一切都可以成为我们慢下来的充足理由。

由此，慢生活也是一种对自身、对环境负责的健康的心态，而且慢生活也是对人生高度自信的一种从容的生活态度。因为只有在生活达到一定水平后才谈得上生活的精致和舒适，这样的人必定也是创造生活、享受生活的能手。因为真正的闲散源自彻底的独立，不论从物质还是精神等各方面。所以慢生活的重点在于享受自己亲手创造的生活的美好，寻求生活真正的乐趣。

明白了这个道理，为什么不停下来，慢慢欣赏树木、花朵、云霞、溪流、瀑布，以及大自然的形形色色，享受艺术、旅行、读书等精神上的补给呢？

抽一点时间慢慢欣赏

尘世的喧嚣似乎磨钝了人们的感觉，人们似乎早已忘记了生活的情趣，欣赏已经从人们的心灵中删除，或者即便欣赏也是脚步匆匆。

有这样一个故事：一位妈妈为了让准备高考的女儿放松一下，领她来到花园。妈妈看到了满园的玫瑰，不禁陶醉，她不由自主地慢慢欣赏着。可是她女儿却打断她说："这有什么好看的？每一朵花下都带着刺。磨磨蹭蹭的，简直耽误我的时间！"妈妈听到后无比惊讶地说："难道你没有看见，虽然枝条上有刺，可每个枝条上都有一朵美丽的花吗？"

母女二人为何出现不同的判断呢？是因为物质生活的转变让人的心态也发生了改变，也许在女儿的心中想得更多的是，以速度制胜的好玩的东西。不可否认，随着物质生活的丰富，休闲消遣的媒介也品种繁杂，年轻人手里握着功能齐全、造型新颖时尚的手机、平板电脑，慢慢欣赏就像听咿呀咿呀的京剧一样似乎令他们难以接受，可是匆匆忙忙是无法欣赏到美景的。

阿尔卑斯山谷有一条汽车路，两旁景物极美，路上插着一个标语牌劝告游人说："慢慢走，欣赏啊！"欣赏需要放慢脚步，因为这是休闲时刻，没必要急匆匆地像行军打仗一样匆匆忙忙。再者，不放慢速度怎能看见花儿开得如何娇艳？蝴蝶是怎样翻飞着翅膀从一朵花跳跃到另一朵花中？不放慢脚步，如何能闻到空气的清新？如何能看到一片树林中晶莹的露珠，一条溪流中悠然自得的小鱼？正是这些在愉悦着我们的身心啊！因此，任凭背景变化，镜头转换，我们都有理由慢慢欣赏。不懂得慢慢欣赏的人，心灵就像失去源头的江流，就像失去根基的大树，就像失去灵魂的躯壳，只能干涸、枯萎、消沉。心灵干枯自然就无法感受得到生活的美好。为了让自己的心灵滋润健康，还是从繁忙的奔波中抽出一点时间去欣赏吧，因为欣赏不仅需要用眼睛也是需要用心的。正如康德所说的，美必须借助心才能感觉到。那些有着高尚人格和美好情怀的人，内心总是充满着"柔情蜜意"。这些人会比一些生性冷酷、极端自私、缺乏爱意的人，能接受到更多的美的信号。因此，让我们培养自己高尚的情怀，放慢脚步，慢慢地去欣赏自然事物的美。慢慢欣赏才会发现清风拂过柳絮是那样轻柔，落日余晖下的湖畔是那样安宁。

如果说，欣赏自然风景需要放慢脚步，欣赏人间的美景也需要放慢脚步。慢，才能用心去领略每一个细节。放慢才能看到生活中独特的细节之美。"最是那一低头的温柔"就是徐志摩慢慢欣赏的结果。慢慢欣赏，你就会发现，原来曾经忽略的生活中有这么多值得欣赏的地方：听，篮球场上的欢呼声，竟然是这样令人振奋；看，社区的宣传栏，原来这么美观漂亮；闻，远处飘来的菜香，突然就想到了勤劳的母亲，便有一种温暖升上了心头。

另外，慢慢欣赏也是对自我的反思过程。杜甫有诗"感时花溅泪，恨别鸟惊心"。欣赏的过程也是物我交融的过程。比如，在秋冬季节的原野，你看到一棵傲然挺立的小草会感到惊讶和佩服，进而会想到自己是否具备小草的精神。这就是一种反思。如果你也具备小草这种野火烧不尽，春风吹又生的无比旺盛的生命力，那你一定会在你的心灵中浮泛起无比欣慰、无比惬意、无比爽悦的感觉。在这里，小草成了你的知音，对小草的欣赏实际上也是对自己人生的欣赏。此时的我们是对"原我"进行审美。这种精神享受比什么美味大餐都令人愉悦。

　　其实生活就如酒、如画、如歌，只有我们认真去品味、欣赏、聆听，才能捕捉、放大生活中美的细节。只有慢慢地走，才能静静地思考，才能思考出风景中蕴含的各种美妙之处。你就能感觉到那酒是如此香醇，那画是如此优美，那歌是如此动听！

快慢结合，精彩无限

在高速运转的社会，人们的一切都在图快。工作要快，吃饭要快，就连玩也要快，似乎总有一个接一个的任务等着我们去做。结果，吃到嘴里的美食不知什么滋味，看到眼中的风景忘记了什么颜色，更谈不上赏心悦目。如此心不在焉，走马观花，丰富华丽的世界不变成了一个了无生趣的"囚牢"了吗？

人生重在过程，有些事情急不得，当快则快，当慢则慢，快慢结合，才是正常的生活节奏。

虽然在哲学家看来，快和慢就是一对互相对立的矛盾体，可是它们并非就水火不相容。快固然应是生活的主旋律，但慢也不应成为可有可无的鸡肋。正像一部雄伟悲壮的交响曲，慷慨激昂固然是它的基调，但柔情似水的慢板也能为其增色不少。所以，我们同样可以找到它们之间最佳的平衡点。那就是我们要追求快的效率，也不能忘记慢的恬适。

那什么时候需要快呢？工作时间需要快，处理问题需要快，抓紧学习需要快。

当今世界是一个知识爆炸的时代，每天都有无数的信息涌向我们，只有争分夺秒地用"快"去适应并追赶才不致被时代所淘汰。如果那时慢，磨磨蹭蹭会影响效率。

那么，什么时候需要慢呢？品尝美食需要慢，否则就无法品尝出滋味；从事瑜伽、慢走之类的健身活动需要慢，因为这类活动快不得，会使锻炼身体的人承受不了；遇到交通拥堵时需要慢，此时还快就是置他人的生命于不顾；至于钻研学术，更需要慢，学术上的金字塔不能是一朝一夕之功；再有，不该出头时也不能快，此时强出头就会招致一场暴风骤雨。如果发现工作速度快得偏离了轨道，就需要慢下来，暂时休整，反思一下。另外，从事手工艺品需要慢，慢工才能出细活。

其实，人生也像一场盛宴，要懂得慢慢品味，不能把速食作为生活的唯一依赖，该浅尝辄止的，绝不能快用、多用；该细嚼慢咽的，绝不能狼吞虎咽。在人生大餐上菜的过程中，如果饥不择食，见一样吞一样，必定越吃越累，早早就告别这场盛宴。看看这世上多少功成名就的人，能吃遍人生的盛宴，晚年仍然坐在人生盛宴的桌前，品尝最后一道甜点和餐后的美酒，就是因为他们懂得慢慢享受。因为他们知道不能样样都狼吞虎咽，否则一切会变得乏味。

有计划地去生活

每到旧的一年结束,新的一年开始的时候,我们会看到网上有很多人晒自己的新年计划。越来越多的人开始制订计划是一件很好的事情,因为做好计划,对于我们的人生具有重要意义。关于这一点,20世纪最伟大的心灵导师戴尔·卡耐基就说过:"一个人不能没有生活,而生活的内容,也不能使它没有意义。做一件事,说一句话,无论事情的大小,说话的多少,你都得自己先有计划,先问问自己做这件事、说这句话,有没有意义?你能这样做,就是奋斗基础的开始奠定。"做计划,不是盲目的,它建立在我们对于生活的认识和憧憬上,它是一个人获得成功所必不可少的基石,也是让我们的生活变得简单有条理,从而更加幸福的好帮手。

懂得做计划,说明一个人已经对人类的惰性有了清晰认识,并且开始有意识地克服这个问题。但遗憾的是,那些在新年给自己做计划的人,到了第二年的新年,却会发现,这个计划跟前一年差不多,因为上一次的计划,根本没有好好执行。所以,做一张计划清单,只是幸福的第一步,而切实执行,则是最关键的一步。

关键在于,人们制订的计划太过长远,以致心浮气躁,想完成这个事情,又想完成那个事情,反而失去了行动的动力。如同一个人决定半年后跑马拉松,另一个人只打算今天下班先跑八百米。最开始两个人肯定都是一样的信心满满,但真的能跑到计划终点的,更有可能是那个计划不那么远的人。所以,在睡前做一张第二天的计划清单,执行的效果会远远好于心浮气躁地想要完成整年的愿望要好得多。

计划执行过程中，最需要的态度就是持之以恒。做一次计划不难，难的是每天睡前都能做好计划；督促自己将计划付诸实践也不难，难的是每一个计划都能坚持不懈地很好完成。如果放任自己随心所欲，急躁行事，那就是将前面所做的努力付之一炬，终至前功尽弃。

布兰和琼恩是远方亲戚，但两人的家境却有着天壤之别。布兰的父亲是当地数一数二的富商，而琼恩则是一个水管工的儿子。

从小，布兰的父亲就对他说："儿子，以后不管你想做什么，爸爸都会支持你，也有能力支持你。哪怕你不想做商人，想做律师也好、演员也好、橄榄球运动员也好，都没有问题。"而琼恩的父亲能力有限，只能激励琼恩："儿子，爸爸对不起你，这一生能给你的不多。如果你愿意，我可以教你怎样做一个优秀的水管工人。"

长大后，布兰得偿所愿地考入了法学院。但是没学几天，布兰觉得法律条文太多，背起来太辛苦，还是做演员容易。于是布兰退学，花大价钱请了一位老师到家里来，教授他表演的技巧。又学了几天，布兰发现，演员也不是那么好当，拍戏比想象中辛苦多了。于是他又让父亲辞退了老师，转而打起了橄榄球。但此时的布兰已经错过了成为球员的黄金年纪。最后他决定还是子承父业来得容易。但万万没想到的是，金融危机一来，父亲的公司破产了。

而此时的琼恩，从小踏踏实实跟着父亲学习如何修理水管，慢慢在小区和周边有了名气。琼恩的生意越来越好，最开始组建了自己的修理队，后来又办起了修理公司，成为当地同行业中的佼佼者。

布兰和琼恩，两个人的起点不同，前者的条件明显比后者优越千万倍，但结果却以失败告终。究其原因，能否放缓自己急躁的内心，脚踏实地地去做事情，是界定成功与失败的分水岭。所以睡前要做好第二天的计划清单，一步步地、慢慢地执行下去，一定要记得，坚持不懈地执行下去。也许每一天的进步很不起眼，但经过一年又一年的累积，你就能看到惊人的成绩。当新的一年到来，相比其他人与之前大同小异的"新"年计划，你的睡前计划将会奖励你一个大大的"新年红包"，里面装的是满满的幸福感。